EUL VERLAG

Prof. Dr. Jörn-Axel Meyer

Vertraulichkeit in der mobilen Kommunikation

Leckagen und Schutz vertraulicher Informationen

EUL VERLAG

Bibliografische Information der Deutschen Nationalbibliothek

Die Deutsche Nationalbibliothek verzeichnet diese Publikation in der Deutschen Nationalbibliografie; detaillierte bibliografische Daten sind im Internet über <http://dnb.d-nb.de> abrufbar.

ISBN 978-3-89936-959-5
1. Auflage September 2010

JOSEF EUL VERLAG GmbH
Brandsberg 6
53797 Lohmar
Tel.: 0 22 05 / 90 10 6-6
Fax: 0 22 05 / 90 10 6-88
E-Mail: info@eul-verlag.de
http://www.eul-verlag.de

Bei der Herstellung unserer Bücher möchten wir die Umwelt schonen. Dieses Buch ist daher auf säurefreiem, 100% chlorfrei gebleichtem, alterungsbeständigem Papier nach DIN 6738 gedruckt.

Vorwort

Die erheblichen Mengen von Informationen, die auf Computern lagern oder Gegenstand der – nicht nur – elektronischen Kommunikation sind, wecken vielfältige Begehrlichkeiten – von Politik, Verwaltung und Justiz, von Kriminellen, Konkurrenten und von sonstigen Neugierigen. Gerade für Letztere können strategische und persönliche Informationen anderer Unternehmen von Interesse sein.

Doch so groß die Sensibilität für die Datensicherheit auf Computern und im Internet ist, so sorglos scheinen viele Unternehmen mit denjenigen Informationen umzugehen, die sie tagtäglich per Internet oder Handy weitertragen.

Leicht können Informationen gezielt oder durch Zufall von Fremden genutzt werden. Handygespräche im öffentlichen Raum können mitgehört werden, SMS abgefangen, Daten von verlorenen Handys oder direkt von Handyhackern ausgelesen werden. Kaum vergeht ein Tag, an dem nicht von einem neuen Indiskretionsskandal berichtet wird. Und mitunter gelangen die Informationen auch freiwillig an Dritte: Manchen Menschen ist es sogar ein Bedürfnis, bei ihren Gesprächen und Telefonaten belauscht zu werden, um sich darzustellen und sich der Öffentlichkeit mitzuteilen – wie Umberto Eco es 2007 treffend erkannte.

Alles dies sind nahe liegende Gefahrenquellen, gleichwohl sind sie den Unternehmen vielfach nicht bewusst. Gerade für kleine und mittlere Unternehmen (KMU), die i. d. R. ohne zentrales Sicherheitsmanagement arbeiten, stellen die Leckagen der mobilen Kommunikation wenig erkannte Gefahren dar. Mehr Bewusstsein und mehr Schutz der Vertraulichkeit in der mobilen Kommunikation sind daher gefordert.

Die vorliegende Schrift befasst sich daher mit den Formen und Wegen der mobilen Kommunikation und Leckagen, über die vertrauliche Informationen an – unbefugte – Dritte gelangen können. Zudem werden Maßnahmen zum Schutze der Vertraulichkeit zusammengetragen und in ein gesamtheitliches Managementkonzept eingearbeitet.

Dem Konzept liegen zudem vier empirische Erhebungen zugrunde, in denen u. a. auch ein neues Portfolio-Diagramm sowie eine Maßgröße zur Beschreibung und Bewertung der Bedrohung und damit der Bedeutung der Leckagen für die Unternehmen entwickelt wurde.

Das hier vorgestellte Managementkonzept ist ein Nukleus und eine Anregung für die weitergehende Diskussion über den Schutz der Vertraulichkeit – nicht nur in der mobilen Kommunikation und in Unternehmen, sondern auch in allen anderen Lebensbereichen.

Denn jenseits der vielen wissenschaftlichen Erkenntnisse dieser Schrift für das unternehmerische Management wird eine Konsequenz deutlich: Der Schutz der Vertraulichkeit kann nicht nur durch Technik gewährleistet werden. Vielmehr sind Sensibilisierung und Änderung im Verhalten der Menschen der effektivste und nahe liegende Weg zum Schutz der Vertraulichkeit – und das betrifft nicht nur den Menschen im beruflichen, sondern auch im privaten Umfeld.

Es bleibt dem Autor an dieser Stelle, den Unterstützern des Projektes und der Schrift zu danken: Der Telefónica O_2 Germany als Kompetenzpartner in Sachen mobiler Kommunikation und deren Schutz sowie Herrn Marco Hass, Frau Nora Bayerer und Dr. Anja Schulz für die Zuarbeiten.

Der Autor hofft ferner, dass diese Schrift einen nachhaltigen Anstoß zu einer wirtschaftsöffentlichen und gesellschaftlichen Diskussion über Vertraulichkeit – nicht nur in der mobilen Kommunikation – geben möge.

Berlin, im August 2010
Univ.-Prof. Dr. Jörn-Axel Meyer
Deutsches Institut für kleine und mittlere Unternehmen e. V.

Anmerkung: Wird im Folgenden für jegliche Begriffe und Bezeichnungen die männliche Schreibweise gewählt, so geschieht dies alleine aus Gründen der besseren Lesbarkeit des Textes und soll keine benachteiligende Absicht oder Ausschließung der weibliche Schreibweise begründen.

Inhaltsverzeichnis

Abbildungsverzeichnis

Tabellenverzeichnis

Abkürzungsverzeichnis

Abb.	Abbildung
abs.	absolute
AG	Aktiengesellschaft
Aufl.	Auflage
BDSG	Bundesdatenschutzgesetz
BfV	Bundesamt für Verfassungsschutz
BMF	Bundesministerium der Finanzen
BSI	Bundesamt für Sicherheit in der Informationstechnik
bzw.	beziehungsweise
d. h.	das heißt
et al.	und andere
etc.	et cetera
FTP	File Transfer Protokoll
GmbH	Gesellschaft mit beschränkter Haftung
GPS	Global Positioning Service
Hrsg.	Herausgeber
i. d. R.	in der Regel
i. e. S.	im engeren Sinne
IP	Internet Protocol
ISO	International Organization for Standardization
i. w. S.	im weiteren Sinne
KMU	Kleine und mittlere Unternehmen
KonTraG	Gesetz zur Kontrolle u. Transparenz im Unternehmensbereich
LAN	Local Area Network
MMS	Multimedia Messaging Service
o. a.	oben ausgeführt(e)
o. g.	oben genannt(e)
PDA	Personal Digital Assistant

S.	Seite
s.	siehe
SMS	Short Message Service
Tab.	Tabelle
TKG	Telekommunikationsgesetz
TKÜV	Telekommunikations-Überwachungsverordnung
TMG	Telemediengesetz
u. a.	unter anderem
u. E.	unseres Erachtens
usw.	und so weiter
VoIP	Voice over IP
vs.	versus
WLAN	Wireless LAN
z. B.	zum Beispiel

1 Einführung

Das Problem: Leckagen vertraulicher Informationen in der mobilen Kommunikation

Unternehmen verfügen über große Mengen an vertraulichen Informationen. Diese sensiblen Informationen wecken bei vielen Gruppen (z. B. Wettbewerber, Staat, Öffentlichkeit, Mitarbeiter) Interessen. Auf der anderen Seite werden – nicht zuletzt durch moderne elektronische Kommunikationstechnologien – zunehmend Informationen über die physischen Unternehmensgrenzen hinweg transportiert, sind für Mitarbeiter wie Geschäftspartner mobil verfügbar und werden auch mobil miteinander ausgetauscht. Handy und Internet sind nahezu überall erreichbar und werden auch so genutzt. Mit diesem zunehmenden, mobilen Informationsaustausch steigt aber auch die Gefahr, dass dabei Informationen an Dritte gelangen, die eigentlich vertraulich bleiben sollten.

In sofern geht der Sichtkreis für diese Gefahren über den Kern der (technischen) mobilen Kommunikation hinaus, auch persönliche Gespräche im öffentlichen oder halböffentlichen Raum und das Vorhalten von Informationen in und um die mobile Kommunikation müssen einbezogen werden (mobile Kommunikation i. w. S.).

Gelegenheiten, dass diese Informationen verloren gehen können, gibt es reichlich – die Leckagen der mobilen Kommunikation (i. w. S.): z. B. Mithören von Telefonaten am Handy und persönlichen Gesprächen in Reisezügen oder wartebereichen von Flughäfen, im Café liegen gelassene Unterlagen, abgefangene Informationen in WLAN-Netzen, fehlgeleitete SMS und Faxsendungen und auch der Verlust von klassischen Briefsendungen.

Hieraus ergibt sich für die Unternehmen ein steigender Bedarf zum Schutze der Vertraulichkeit in der mobilen Kommunikation, sei es mit technischen Mitteln (z. B. Verschlüsselungen) oder durch Sensibilisierung und Änderung des Verhaltens der Mitarbeiter. Während der Schutz des Computers während der Internetnutzung im Privaten wie im Beruflichen gängige Praxis ist, ist scheinbar die Sensibilisierung für den Schutz mobiler Kommunikation gerade in kleinen und mittleren Unternehmen noch wenig vorgedrungen (Novell 2009) – trotz spektakulärer, öffentlich gewordener Diskretionsverstöße. Auch scheinen die Gefahren und Leckagen nur zum Teil bekannt und bewusst, Schutzmaßnahmen werden noch zu wenig ergriffen.

Prominente Beispiele

In der Vergangenheit kamen mehrere spektakuläre Missbrauchsfälle in die Schlagzeilen, als vertrauliche Informationen von Unternehmen nach außen gedrungen sind.

Im Jahr 2006 wurde bei der Deutschen Telekom aufgedeckt, dass persönliche Informationen von 17 Millionen Kunden gestohlen wurden. Darunter befanden sich neben privaten Handynummern, Adress- und Geburtsdaten auch persönliche Email-Adressen. Diese streng vertraulichen Daten wurden aus den Rechenzentren von T-Mobile entwendet. Anschließend wurden die Daten kriminellen Kreisen zum Kauf angeboten. Der Vorfall hatte für die Deutsche Telekom weit reichende Konsequenzen, er führte zu Imageschäden und hohen Umsatzverlusten (Ponemon 2009, S. 6).

Ein anderes Beispiel ist der Verkauf der so genannten „Steuersünder-CD" Anfang 2010. Kundendaten von Bankkonten wurden von der Schweizer Bank Credit Suisse entwendet. Sie lagen im elektronischen Netzwerk der Bank vor und verließen die Bank durch Auslesen der Daten von einem Laptop aus und anschließende Kopie auf einer üblichen CD. Der Wechseldatenträger enthielt rund 1.500 Namen von mutmaßlichen Steuerhinterziehern aus Deutschland und wurde den deutschen Steuerbehörden für 2,5 Millionen Euro angeboten und schließlich auch angekauft.

Auch international gibt es immer wieder Beispiele, wie vertrauliche Informationen an die Öffentlichkeit gelangen. So erregte im Frühjahr 2010 ein abgefangenes Telefonat des italienischen Ministerpräsidenten Silvio Berlusconi große öffentliche Aufmerksamkeit. Das Telefonat wurde in einer anderen strafrechtlichen Ermittlung zufällig mit abgehört und gelangte an die Öffentlichkeit. Darin forderte der italienische Regierungschef die Streichung mehrerer regierungskritischer Programme eines öffentlich-rechtlichen Senders (Handelsblatt 2010b). Inhalt wie auch der Umstand des Abhörens löste heftige Reaktionen und Diskussionen aus.

Diese Beispiele verdeutlichen, dass immer wieder und vermeintlich gut geschützte vertrauliche Informationen an Dritte gelangen können. Die Vorfälle haben für Unternehmen nicht nur direkte finanzielle Konsequenzen, sie bewirken auch langfristige Imageschäden bei Kunden und Geschäftspartnern.

Elektronische (mobile) Kommunikation steigert das Problem

Mit mobilen elektronischen Geräten wie Handys, Personal Digital Assistants (PDAs) oder Wechseldatenträgern gelangen sensible Informationen heute sehr leicht über die Grenzen des Unternehmens hinaus. Trotz dieser Gefahr ist die mobile Kommunikation in Unternehmen aus dem täglichen Leben und Arbeiten nicht mehr wegzudenken. Die Anforderungen an Mobilität und mobile Kommunikation stellen für deutsche Unternehmen einen Wettbewerbsfaktor dar. So können und müssen Mitarbeiter im Außendienst stets erreichbar sein (SIS 2009, S. 11; Techconsult 2002, S. 23). Und der Einsatz mobiler Geräte steigert auch die Produktivität und die Effizienz des Unternehmens (Bentel 2006, S. 28; Ponemon 2009, S. 6; Stone 2007, S. 46). Mobile Kommunikation verbessert nicht nur die Informationsversorgung der eigenen Mitarbeiter. Sie ermöglicht zusätzlich ein effizienteres Arbeiten mit den Kunden und auch betriebliche Abläufe können beschleunigt werden (Krybus 2008, S. 376).

Wie die obigen Beispiele andeuten, ist die mobile Kommunikation die Achillesverse der Vertraulichkeit in Unternehmen. Im Unternehmen lassen sich sensible Informationen im Vergleich zur mobilen Kommunikation leicht durch Zutrittsbeschränkungen oder technische Vorkehrungen (Firewall, Verschlüsselung etc.) absichern. Außerhalb des Unternehmens sind sie aber schwerer zu schützen als im sicheren Firmennetzwerk. Informationen, wie sie sich z. B. auf mobilen Geräten befinden, können leicht verloren gehen (Garlick 2005, S. 45). Verlieren Mitarbeiter mobile Geräte oder sind die Geräte ungeschützt, können Dritte an diese Informationen kommen (Ponemon 2009, S. 6). Oder Angreifer können aufgrund mangelhafter Sicherheitsvorkehrungen auf diese vertraulichen Informationen von außen über elektronische Netze zugreifen.

Während der Schutz vor Viren, Phishing und anderen Angriffen auf die Informationen stationärer Computer mit Firewall etc. privat wie auch in Unternehmen weit voran geschritten und die Nutzer des Internets für die Gefahren sensibilisiert sind, fehlt sowohl im Privaten wie in Unternehmen noch dieses Bewusstsein beim mobilen Arbeiten (Novell 2009).

Zu dieser Fehlentwicklung führten u. E. folgende Gründe: Auf der einen Seite leidet der Mittelstand in der IT-Sicherheit unter einer mangelnden Erfahrung und an zuständigem Fachpersonal. Mittelständische Unternehmen in Deutschland verfügen i. d. R. nicht über einen Sicherheitsbeauftragen, (Deutsche Handwerkszeitung 2007; Krybus 2008, S. 377). Auch lassen die

Budgets der Unternehmen oft keinen Spielraum, um zusätzlich in der mobilen Kommunikation die Vertraulichkeit von Informationen zu sichern (Deutsche Handwerkszeitung 2007; Krybus 2008, S. 377). Gleichzeitig lassen sich die Sicherheitsstandards mobiler Geräte mit den Standards von PCs aus den 80er Jahren vergleichen (KI 2007, S. 17).

Die beste Technik kann vertrauliche Informationen auf den mobilen Geräten nicht schützen, wenn es den eigenen Mitarbeitern am nötigen Sicherheitsbewusstsein fehlt (Büllingen 2009 et al., S. 615; Garcia-Marshall 2007, S. 41). Vielfach ist es den Nutzern mobiler Internetzugänge nicht bewusst, dass sie mit ihrem Smartphon einen vollwertigen Computer in den Händen halten, der genauso zu schützen ist, wie der Laptop oder Desktop Computer im Büro.

Alles dies führt oftmals dazu, dass mobile Geräte auch im Unternehmen nicht bzw. nur unzureichend geschützt sind (Botha et al. 2009, S. 135; BSI 2008, S. 129; Geldermann 2006, S. 1). Unternehmen führen die notwendigen Sicherheitsmaßnahmen selbst noch nicht einmal dann durch, wenn bereits ein Schaden eingetreten ist. So hatten solche Unternehmen in einer Untersuchung zu über 39% erneute Datenverluste zu beklagen (Ponemon 2009, S. 14). Unternehmen, die einmal von einer „Datenpanne" betroffen waren, werden also auch in Zukunft mit diesem Problem zu kämpfen haben (KES 2008a; Krybus 2008, S. 377).

Im Gegensatz hierzu zeichnet sich international ein allmählicher Wandel ab. So stiegen die weltweiten Ausgaben für IT-Sicherheit in der mobilen Kommunikation zwar langsam aber kontinuierlich an. Rund zwei Drittel der Unternehmen planen im Jahr 2010 deutlich mehr Investitionen in der mobilen Datensicherheit (Handelsblatt 2010a, S. 1; Meetbiz Research 2010; PWC 2010a, S. 35). Ungeachtet dessen bestehen im deutschen Mittelstand aber nach wie vor erhebliche Defizite in der Sicherheit mobiler Kommunikation.

Ziele und Schritte der vorliegenden Untersuchungen

Im Mittelpunkt der folgenden Ausführungen stehen zwei Begriffe: Vertraulichkeit und Leckagen. Ziel der vorliegenden Schrift ist es nun, Leckagen vertraulicher Informationen in der mobilen Kommunikation aufzudecken und zu diesen Schutzmaßnahmen vorzuschlagen – bis hin zu einem Managementprozess.

Gegenüber diesen Zielen sind andere, nahe liegende Untersuchungsgegenstände abzugrenzen: Nicht zum Gegenstand der folgenden Ausführungen gehören die Bemessung von Schäden aus den Leckagen, Maßnahmen zur Reduktion bereits entstandener Schäden (z. B. Imagekampagnen) sowie Fragen der Wirtschaftskriminalität bei bewusstem Zugriff Dritter auf die vertraulichen Informationen. Sie stellen vielmehr angrenzende Fragen da, die im Folgenden zwar angesprochen werden, allerdings nicht abschließend bearbeitet werden. Dies würde den Rahmen der vorliegenden Studie sprengen und vom Kernziel, dem Schutz der Vertraulichkeit abführen.

Schritt 1 – Kapitel 2 + 3 (State-of-the-Art, Begriffsherleitung): Dieser Prozess wird zunächst von einer Abgrenzung der Begriffe „Vertraulichkeit", „Leckage", „Mobile Kommunikation" begleitet wie auch Zahlen zur Nutzung mobiler Kommunikation durch Unternehmen und einer von einer weitgehenden umfassenden Zusammenstellungen von Leckagen und Konsequenzen daraus für die Unternehmen.

Dabei wird in der Herleitung des begrifflichen Bezugsrahmens der Studie deutlich, dass das Verständnis der mobilen Kommunikation nicht bei der singulären technischen Sicht stehen bleiben darf und um persönliche Kommunikation sowie vorbereitende Leistungen zur Kommunikation (z. B. Datenhaltung) erweitert werde muss. Vertraulichkeit muss auch im direkten Umfeld sowie im Kontext der persönlichen Kommunikation in einer mobilen Gesellschaft erfasst werden, so auch die Leckagen.

Als Konsequenzen aus den Leckagen vertraulicher Informationen werden ferner mögliche Schäden und das Problem deren generellen Bestimmung diskutiert. Als Ausweg aus dem Problem werden zwei Messvariablen vorgestellt, die die Bedrohung der Leckagen für die Unternehmen beschreiben.

Schritt 2 – Kapitel 4 (Empirie): Vier empirische Untersuchungen (Expertenbefragung, zwei Telefonbefragungen bei Unternehmen sowie ein Experiment) steuern Befunde zu Nutzung, Bedeutung und Schäden in der mobilen Kommunikation sowie zur Verbreitung von und Widerstände gegen Maßnahmen zum Schutze der vertraulichen Informationen in den Unternehmen bei. Dabei wird die Bedrohung der Leckagen in den Unternehmen und damit die Bedeutung dieser für die Unternehmen anhand von Eintrittsrisiko(-wahrscheinlichkeit) und Schadenserwartung im Eintrittsfalle operationalisiert und visualisiert.

Schritt 3 – Kapitel 5 (Managementprozess): Abschließend wird ein Management-(Planungs-)Prozess entwickelt, in dessen Mittelpunkt eine Aufstellung der denkbaren Leckagen und den passenden Schutzmaßnahmen dazu steht. Damit verbunden sind Handlungshinweise und ein Ratgeber.

2 Vertraulichkeit in der mobilen Kommunikation

Bevor in Kapitel 3 auf die Gefahren und Konsequenzen in der mobilen Kommunikation eingegangen wird, werden hier zuvor die Begriffe „Vertraulichkeit" und „mobile Kommunikation" erläutert.

Zudem wird ein Überblick über die Nutzung mobiler Kommunikation in Deutschland, Sicherheit und Datenschutz sowie Vertraulichkeit in der mobilen Kommunikation gegeben: Wissenschaftliche und praxisnahe Studien, Berichte, Statements und Meinungen sowie Ratgeber und Richtlinien.

2.1 Vertraulichkeit und vertrauliche Informationen

Der Begriff „Vertraulichkeit" ist nicht nur umgangssprachlich sondern auch in der Literatur weit gefasst. Grund hiefür sind die drei Sichten, die technische, die juristische und die gesellschaftliche Sicht auf Vertraulichkeit:

Technisches Verständnis von Vertraulichkeit

Aus der technischen Sicht zählt die Vertraulichkeit, neben der Integrität und Verfügbarkeit, zu den drei Zielgrößen der Datensicherheit (Witt 2006, S. 85, Federath/Pfitzmann 2002). Der Schutz vertraulicher Informationen kann entweder durch Software als technische Lösung (Bertram 2000, Müller et. al. 2007, Büllingen et al. 2009, S. 613) oder z. B. durch Verhaltensrichtlinien für die Mitarbeiter erfolgen. Zu letzterem gehören z. B...

- der IT-Grundschutzkatalog vom Bundesamt für Sicherheit in der Informationstechnik (BSI),
- die Grundsätze zum Datenzugriff und zur Prüfbarkeit digitaler Unterlagen (BMF 2001),
- internationale Normen: ISO 20000, ISO 13335-1, ISO 17799, ISO 27001, ISO 27002 und ISO 7005 (Goode 2010, S. 13).

Juristisches Verständnis von Vertraulichkeit

Weiter wird im juristischen Sinne Vertraulichkeit per Gesetz und durch spezifische Rechtsverordnungen definiert. Zum Beispiel das Recht auf informelle Selbstbestimmung durch das Bundesdatenschutzgesetz (BDSG). Weitere relevante Gesetze und Verordnungen sind:

- Gesetz zur Kontrolle u. Transparenz im Unternehmensbereich (KonTraG),
- Telekommunikations-Überwachungsverordnung (TKÜV),
- Telekommunikationsgesetz (TKG),
- Telemediengesetz (TMG).

1998 wurde vom Deutschen Bundestag das Gesetz zur Kontrolle und Transparenz im Unternehmensbereich verabschiedet (KonTraG). Hiermit wird das Management von Kapitalgesellschaften gezwungen, Risikomanagementsysteme einzuführen. Das TKÜV aus dem Jahre 2002 regelt technische und organisatorische Maßnahmen zur Überwachung der Telekommunikation.

Im Telekommunikationsgesetz wird der Wettbewerb in der Telekommunikation geregelt, z. B. das Verbot des unbefugten Abhörens von Telefonaten. Das Telemediengesetz bestimmt hingegen den Datenschutz beim Betrieb von Informations- und Kommunikationsdiensten.

Gesellschaftliche Sicht von Vertraulichkeit

Es gibt eine dritte Sicht, das gesellschaftliche Verständnis von Vertraulichkeit: Es wird synonym mit Diskretion verstanden, der Fähigkeit und Fertigkeit, Vertraulichkeit stets zu schützen: „Vertraulichkeit ist der Schutz vor unbefugter Preisgabe von Informationen. Vertrauliche Daten und Informationen dürfen ausschließlich Befugten in der zulässigen Weise zugänglich sein." (BSI 2009b, S. 56).

Welche Bedeutung Vertraulichkeit im gesellschaftlichen Kontext erlangt, ist nicht nur ein Frage der persönlichen Einstellungen jedes Einzelnen, sondern auch durch kulturgeprägte Werte bestimmt – was sich auch auf das verhalten der Mitarbeiter und damit auch auf den Geschäftsverkehr auswirkt. Zum Beispiel beklagen Unternehmen im Maschinenbau immer häufiger den Diebstahl von Know-how, vorwiegend durch Konkurrenten aus China (Fuchs 2010), wo das Kopieren von Ideen, Know-how/Konzepten oder Produkten nicht als so anrüchig oder kriminell angesehen wird, wie in westlichen Kulturkreisen.

Vertraulichkeit und deren Anwendung in der mobilen Kommunikation

Alle drei Verständnisse sind im Folgenden zu berücksichtigen: So sind Unternehmen einerseits zur Einhaltung von Gesetzen verpflichtet, andererseits sind hierfür technische Vorkehrungen zu treffen, um sich vor dem Abfluss sensibler Informationen zu schützen. Mit dem gesellschaftlichen Verständnis von Vertraulichkeit sind die Mitarbeiter anzusprechen und zum diskreten Umgang mit sensiblen Informationen zu bewegen. Dabei sind es gerade innovative und international tätige mittelständische Unternehmen, die vertrauliche Informationen vor Dritten auch aus anderen Kulturkreisen schützen müssen (Liebisch 2007, S. 46).

Das gesellschaftliche Verständnis der Vertraulichkeit legt darüber hinaus nahe, den Sichtkreis der mobilen Kommunikation zu erweitern. Die Gefahren für die Vertraulichkeit gehen offensichtlich über die enge technische Seite der mobilen Kommunikation hinaus, z. B. beim Abhören persönlicher Gespräche im öffentlichen Raum und bei Reisen. Auch dies sollte im Folgenden mit einbezogen werden, da es den Gefahren der technisch bedingten mobilen Kommunikation gleich kommt.

Vertrauliche Informationen und Leckagen

Vertraulich sind somit diejenigen Informationen, für die Diskretion – jenseits eines eingeweihten Kreises – zu bewahren ist. Welche Informationen für wen vertraulich sind, muss das Unternehmen im konkreten Fall individuell entscheiden. Eine allgemeingültige Bestimmung kann hier nicht vorgenommen werden, für die folgenden Ausführungen muss es bei einer allgemeinen Definition bleiben.

Können Informationen an – unbefugte – Dritte gelangen, so soll im Folgenden von „Leckagen" gesprochen werden. Sie werden noch im späteren Kapitel 3 zusammengetragen und systematisiert. Zwar erscheint es zunächst für das Verständnis von Leckagen unerheblich, ob die „abfließende" Information vertraulich ist oder nicht, allerdings wird die Leckage nur dann zu einem Problem für das Unternehmen, wenn es sich um vertrauliche Informationen handelt, deren Kenntnis bei Dritten Schaden für das Unternehmen verursachen kann. In der vorliegenden Schrift werden im Folgenden implizit immer nur vertrauliche Informationen betrachtet – auch wenn generell von Informationen gesprochen wird.

Die Leckagen stellen auch nur dann ein Problem für das Unternehmen dar, wenn die vertraulichen Informationen an Personen/Institutionen („Dritte") gelangen, die mit den Informationen dem Unternehmen Schaden zufügen können und wollen. Gelangen vertrauliche Informationen zufällig an Dritte, die diese nicht verstehen, nicht selbst verwenden oder weiterreichen können, so ist zwar eine Leckage vorhanden, ein Schaden tritt aber nicht ein.

Eine Leckage führt also nicht zwangläufig zu einem Schaden. Ob eine Leckage auch zu einem Schaden führt, ist vom Zufall, von der Kompetenz und der Schädigungsabsicht des Rezipienten der Informationen abhängig. Und das ist von Fall zu Fall unterschiedlich und kann nicht generell vorhergesagt werden. Die Verletzung der Vertraulichkeit und damit der Schaden sowie die Bedrohung für das Unternehmen kann also im Vorhinein nicht bestimmt werden, sondern nur im Nachgang zu einem Schadensfall bemessen werden.

Fazit

In Konsequenz können die Überlegungen im Folgenden nur dann einen sinnvollen Erkenntnisfortschritt erbringen, wenn sie sich auf den Schutz der Vertraulichkeit durch Vermeidung oder Beseitigung von Leckagen – vertraulicher – Informationen beschränkt. Die Frage des tatsächlich eintretenden Schadens (in Eintrittswahrscheinlichkeit und Umfang) ist dabei für dieses Ziel unerheblich[1], wie auch die Frage, wer die Rezipienten sind, die die Informationen erhalten.[2]

Das o. a. Verständnis von Vertraulichkeit legt zudem nahe, den Begriff mobile Kommunikation über die heute vorherrschende Begrenzung auf Telekommunikation mit mobilen Geräten hinaus weiter auszulegen. Vertraulichkeit muss auch im direkten Umfeld sowie im Kontext der persönlichen Kommunikation in einer mobilen Gesellschaft erfasst werden, so auch die Leckagen.

---

1 Allerdings wird in Kapitel 3 und 4 der Versuch unternommen, anhand von – empirisch ermittelten – Einschätzungen der Unternehmen einen Hinweis zu bekommen, welche Leckagen welche Bedrohung für die Unternehmen darstellen.

2 Es können Mitarbeiter des Unternehmens sein, Personen und ihre Institutionen im Umfeld des Unternehmens oder nur zufällige Rezipienten, Beobachter und Zuhörer sein.

2.2 Mobile Kommunikation und erweitertes Verständnis

Mobile Kommunikation wird heute vielfach sehr eng als besondere Form der Telekommunikation mit mobilen Endgeräten aufgefasst. Diese technische Sicht wird aber der Aufgabe an dieser Stelle, dem Schutz der Vertraulichkeit nicht gerecht:

Denn um diese Kernfunktion mobiler Kommunikation herum sind auch andere Kommunikationsformen (im späteren Verlauf Handlungsfelder genannt) zu berücksichtigen, die untrennbar mit der Kommunikation in einer mobilen Gesellschaft verbunden sind (persönliche, postalische Kommunikation) sowie die Kommunikation über das Internet. Ebenso sind bei der Identifizierung von Leckagen auch vorbereitende Tätigkeiten und Einrichtungen zu betrachten, die für die mobile Kommunikation notwendig bzw. nicht von ihr zu trennen sind (z. B. elektronische Datenhaltung im Laptop).

Die enge technische Sicht auf die mobile Kommunikation soll somit hier durchbrochen und ein breiteres Verständnis der mobilen Kommunikation in einer mobilen Gesellschaft gewählt werden. Es soll daher von mobiler Kommunikation „im engeren Sinne" und „im weiteren Sinne" gesprochen werden, wobei sich anschließend alle weiteren Ausführungen auf Letzteres beziehen.

Technische Sicht – Mobile Kommunikation i. e. S.

Die mobile Kommunikation bzw. Mobilkommunikation bezeichnet aus technischer Sicht die Sprach- und Datenübertragungen mit Hilfe mobiler und drahtloser Geräte. Solche mobilen Geräte speichern verschiedenartige Informationen und lassen sich aufgrund ihrer geringen Größe leicht transportieren (Büllingen et al. 2009, S. 614). Neben der Telekommunikation bieten mobile Geräte den Mitarbeitern zusätzlich den ortsungebundenen Zugriff auf Informationen im Internet und im Unternehmen per „Internetkommunikation". Grundsätzlich können mobile Geräte in zwei Gruppen eingeteilt werden:

- *i. e. S.*: Geräte mit Kommunikations- und Verwaltungsfunktion (Handy, PDA, Smartphone, Notebook, Tablet-PCs/Pads),
- *i. w. S.*: Wechseldatenträger (Diskette, Magnetband, USB-Stick, CD, DVD, externe Festplatte).

Auf mobilen Geräten werden nicht nur Informationen gespeichert. Mit Hilfe der Geräte werden ebenso (auch vertrauliche) Informationen über verschiedene Kanäle & Schnittstellen übertragen. Im Wesentlichen lassen sich zwei Gruppen unterscheiden:

- öffentliche Mobilfunknetze
  (GSM GPRS, UMTS, WAP),
- Nahbereichs-Funknetzwerke
  (Bluetooth, Infrarot, WLAN) (BSI 2006, S. 6; BSI 2009a).

Als Zugangspunkte in das Firmennetzwerk eignen sich neben üblichen Remote-Einwahlverfahren auch Virtual Private Networks (VPN) (Kölmel 2007, S. 23). Mit diesen beiden Schnittstellen kann auf das in sich geschlossenes Firmennetzwerk zugegriffen werden.

Für Unternehmen bringt das mobile Arbeiten zwar Kosten- und Zeitersparnisse. Allerdings entstehen auch Leckagen für vertrauliche Informationen: Informationen, die auf den mobilen Geräten gespeichert sind und mit denen kommuniziert wird, können bei Verlust des Gerätes von Dritten ausgelesen werden (Annuscheit 2008). Information, die über mobile Netze gesendet werden, können fehlgesendet, mitgelesen, mitgehört oder sogar umgeleitet werden. Auch können u. U. persönliche, vertrauliche Informationen, die im Internet gespeichert werden, von Dritten erlangt und genutzt werden (z. B. bei Google, Facebook, Cloud Storages). Ebenso ist es möglich, dass Mitarbeiter bei Ihrer Arbeit an den mobilen Geräten beobachtet (Shoulder Surfing) oder abgehört werden (Mithören von Telefongesprächen). Die Leckagen entstehen dabei durch die Mängel der Technik (z. B. unverschlüsseltes Netzwerk, Handy ohne Passwort) oder liegen im Verhalten der Mitarbeiter (z. B. unbedachtes, lautes Telefonieren in der Öffentlichkeit). Diese Differenzierung ist im späteren Verlauf der Diskussion in der vorliegenden Schrift bedeutend, da die Schutzmaßnahmen gegen die Leckagen sich entweder bei der Technik (z. B. Verschlüsselung) oder beim Verhalten der Mitarbeiter ansetzen müssen.

Erweiterung in der mobilen Gesellschaft – Mobile Kommunikation i. w. S.

Vielmehr hat der Begriff in den letzten Jahrzehnten eine große Vielfalt an Interpretationen und Spezifikationen erfahren. Ein allgemeingültiges Verständnis kann es daher auch nicht geben, Kommunikation erhält damit eine sehr breite und vielfältige Realdefinition (dazu u. a. Maletzke 1998, Burkhart 2002, Beck 2007).

Die obige Definition von mobiler Kommunikation aus der technischen Sicht weist in diesem Lichte einige Schwächen auf: So ist z. B. zweifelhaft, ob der Fall, dass zwei Mitarbeiter eines Unternehmens im selben Bürotrakt statt mit Fest/Hausnetz per Handy miteinander telefonieren, tatsächlich mobile Kommunikation darstellt – was es nach der obigen Definition wäre. Ebenso kann die zur mobilen Kommunikation zählende „Internetkommunikation" nicht nur auf VoIP oder Email zwischen zwei Personen beschränkt bleiben. Vielmehr sind auch z. B. Twitter oder Blogs (die sich an eine Vielzahl Leser richten), wie auch das Internetsurfing (primär nur eine Kommunikationsrichtung) in das Verständnis mit einzubeziehen.

Zudem ist (mobile) Kommunikation offensichtlich mehr als nur das Gespräch mit einem Handy. Jenseits von Tele- und Internetkommunikation findet mobile Kommunikation auch ohne elektronische Hilfsmittel statt – in Form persönlicher oder sogar postalischer Kommunikation: das klassische persönliche Gespräch, die Versendung von Briefen und Paketen, Präsentationen vor Zuhörerkreis außerhalb des Unternehmens, die physische Weitergabe an Unterlagen und Datenträgern sind hierzu zu zählen. Dies kann u. E. ebenso der mobilen Kommunikation zugeordnet werden, wenn der Informationstransfer ortsungebunden, z. B. nicht im Unternehmen stattfinden muss. Die klassischen Formen der mobilen Kommunikation sind nicht durch modernde Kommunikationstechnologien ersetzt sondern vielmehr ergänzt worden.

Dieses breite Verständnis von mobiler Kommunikation stößt nur dann an Grenzen, wenn die Mobilität nicht sinnhaft erkennbar ist (persönliches Gespräch in der Lobby des Unternehmens) oder die Kommunikation nicht erkennbar ist (Mitarbeiter lässt Unterlagen auf dem Rückweg von einem Kundengespräch im Restaurant liegen). Gleichwohl erscheint es angebracht, den Kommunikationsbegriff weiter auszulegen, als im Abschnitt zuvor. Denn die obige technische Definition erfasst offensichtlich nur einen kleinen Ausschnitt des fachgebietsübergreifenden Verständnisses von (mobiler) Kommunikation.

Darüber hinaus sind persönliche und Tele- sowie Internetkommunikation in einer mobilen Gesellschaft kaum mehr zu trennen, die Leckagen für Informationen vermischen sich somit, treten vielfach bei den selben Anlässen auf. Die Leckagen in persönlichen Gesprächen und bei postalischer Vermittlung sind dabei denen in der elektronischen Kommunikation ähnlich: Gespräche und Post können fehlgesendet, mitgelesen, mitgehört oder sogar umgeleitet werden.

Alle diese Leckagen entstehen durch das Verhalten der Mitarbeiter, selbst wenn z. B. Briefsendungen abgefangen werden. Sollen also Leckagen in der mobilen Kommunikation identifiziert werden, sind auch vorbereitende Tätigkeiten und unterstützende Einrichtungen/Ausstattungen (elektronische Datenhaltung im Laptop, auf Sticks etc. sowie Unterlagen / Dokumente) im Folgenden zu berücksichtigen. Sie stellen zwar für sich nicht eine mobile Kommunikation dar, sind aber als Hilfsmittel untrennbar hiermit verbunden.

Will man also zum Schutz der Vertraulichkeit in der mobilen Kommunikation die Leckagen und Schutzmaßnahmen umfassend identifizieren, so erscheint es uns berechtigt, ein breites Verständnis von mobiler Kommunikation zu verwenden: Mobile Kommunikation soll hier jegliche Kommunikation (inkl. einseitiger, wie z. B. Surfen, Vorträge) von Unternehmensmitgliedern (auch) mit Dritten, die nicht ortsgebunden ist und die Unternehmensgrenzen überschreitet. Mobile Kommunikation umfasst dabei drei Handlungsfelder: Telekommunikation, Internetkommunikation und persönliche / postalische Kommunikation. Für die Analyse der Leckagen sind zudem auch die Kommunikation unterstützenden Prozesse und Einrichtungen zu berücksichtigen.

Fazit

Dem Ziel der Studie, Leckagen und Schutzmaßnahmen zur Vertraulichkeit zu identifizieren geschuldet, wird hier mobile Kommunikation – bewusst breit – entlang von drei Handlungsfeldern beschrieben:

- Telekommunikation (Handy)
- Internetkommunikation (Laptop, Netbook, Smartphone, Tablet-PCs/Pads + Hardware)
- Persönliche und postalische Kommunikation (Gespräche, Präsentationen, Datenträgerweitergabe (CDs, Sticks etc.))

Zentrales Kriterium für eine „mobile“ Kommunikation ist dabei die Ortsungebundenheit der Kommunikationspartner. Dieses Verständnis geht über die enge Definition aus technischer Sicht, die auf den Einsatz mobiler Endgeräte abstellt, hinaus und schließt persönliche und postalische, also „klassische“, Kommunikation ein.

Die Leckagen, die in diesen drei Arten mobiler Kommunikation auftreten können, lassen sich dabei dazu durch die Grundformen…

- Auslesen,
- Mithören/-lesen und
- Umleiten

von Informationen beschreiben. Je nach Informationskanal können diese Leckagen technisch oder verhaltensbedingt sein. Diese Eigenschaften werden im Folgenden zur Strukturierung aller denkbaren Leckagen in der mobilen Kommunikation herangezogen (Kapitel 3).

2.3 Nutzung, Leckagen und Schutzmaßnahmen in der mobilen Kommunikation

Die theoretischen Überlegungen zuvor sollen nun mit Befunden aus der Literatur unterlegt werden. Drei Fragen werden hier abgearbeitet:

- Welche Zahlen zur Nutzung und Verbreitung der mobilen Kommunikation in Deutschland, in Unternehmen und in KMU sind verfügbar?
- Welche Leckagen in der mobilen Kommunikation werden in der Literatur genannt?
- Welche Schutzmaßnahmen zur Vertraulichkeit in der mobilen Kommunikation können identifiziert werden?

Zwar existiert eine Fülle von Studien und damit Befunden und Zahlen generell zur Nutzung und Verbreitung von Informations- und Kommunikationstechnologien (z.B. BITKOM 2010), die Befundlage zur mobilen Kommunikation ist aber bereits erheblich geringer. Zur mobilen Kommunikation speziell in KMU und zur Vertraulichkeit in der mobilen Kommunikation gibt es keine Studie. Auch internationale Studien, die diese Themen im Kern bearbeiten, sind nicht vorhanden. Allerdings gibt es einige Studien, die beide Themen am Rande behandeln und somit einige Zahlen und Hinweise auf Leckagen und Schutzmaßnahmen bieten. Zu Letzterem findet sich zudem ein großer Fundus in theoretischen Abhandlungen, praktischen Ratgebern und populären Beiträgen (auch Presseartikeln). Derartige Quellen sind im Folgenden zusammengetragen und daraus zusammenfassend die Zahlen zur Nutzung, die Leckagen und die Schutzmaßnahmen herausgezogen.

Nutzung der Tele- und Internetkommunikation

Die folgende Tabelle gibt einen Überblick über diejenigen Beiträge in der Literatur, die Auskunft zur Verbreitung und Nutzung mobiler Kommunikation in Unternehmen, speziell in KMU geben.

Quelle (Jahr)	**Beschreibung**
Trend Micro (2010)	„2010 Corporate End User Study", Studie zur Nutzung sozialer Netzwerke am Arbeitsplatz
Corporate Trust (2010)	„Gefahrenbarometer", Studie zu Gefahren und Sicherheitsrisiken im deutschen Mittelstand
Cellebrite (2010)	„Datensicherung beim Mobiltelefonieren", Studie zum Risikoverhalten im Bereich mobiler Kommunikation
KPMG (2010)	„Wirtschaftskriminalität in Deutschland 2010. Fokus Mittelstand", Studie zu allgemeinen KMU-Sicherheitsrisiken mit einer expliziten Betrachtung von Diebstahl im IKT-Bereich
PWC (2010)	Studie zur IT-Sicherheit in deutschen Unternehmen
Symantec (2010)	„SMB Information Protection Survey", internationale Studie zu Daten- und Informationssicherheit im Mittelstand
ECC (2009)	„Netz- und Informationssicherheit in Unternehmen", Studie zum Umgang mit IT-Sicherheitsrisiken im Mittelstand
Ponemon (2009)	Jahresstudie 2008 zu Kosten von Datenpannen in Deutschland
Credant (2009)	„Best Practices for Securing the Mobile Enterprise", internationale Studie zur Datensicherung in der mobilen Kommunikation
PGP (2009, 2008)	„Jahresstudien", Studien zu Datenpannen und Kosten durch Datenverlust in Unternehmen in Deutschland
Annuscheit (2008)	„Compliance-Probleme mit Verschlüsselung lösen", Beitrag zur Verschlüsselungsproblematik von Notebooks und PDAs in Unternehmen
KES (2008)	„Microsoft-Sicherheitsstudie", Studie in Form eines Lageberichts zur Informationssicherheit im Umgang mit Informations- und Kommunikationstechnologien

Tab. 2.1: Ausgewählte Literatur zur Nutzung der Tele- und Internetkommunikation in Unternehmen (Teil 1)

Quelle (Jahr)	Beschreibung
Ubitexx (2008)	„Smart Phones Mobile Business", Studie zur mobilen Kommunikation im Bereich Firmeneinsatz von Smartphones und Businesshandys in Deutschland
InformationWeek (2008)	„IT Security", internationale Studie zu IT Sicherheit und Datenschutz in Unternehmen mit Schwerpunkt KMU
Krybus (2008)	„Mobile Business – Strategie und Erfolgsfaktoren für den Mittelstand", Studie zu mobilen Informations- und Kommunikationstechnologien
Symantec (2007)	„IT Sicherheit in KMU", internationale Studie zum Umgang mit IT-Sicherheitsrisiken im Mittelstand
Everett (2007)	„Secure at a distance", internationaler Artikel in der Zeitschrift "Infosecurity" zu mobiler Kommunikation
Buschmann (2007)	„Mangel an Sicherheitsbewusstsein", Beitrag in der Zeitschrift für Kommunikations- und EDV-Sicherheit zum Umgang mit dem Risiko von Datenverlust durch mobile Kommunikation
Blickpunkt: KMU (2007)	„Quo vadis, Telekommunikation?", Expertenbefragung zur Entwicklung der mobilen Kommunikation im deutschsprachigen Raum
Schill (2007)	„Mobile Identitätsprüfung", Beitrag in der Zeitschrift für Kommunikations- und EDV-Sicherheit zu unberechtigten Datenzugriffen
Büllingen (2006)	„Mobile Enterprise-Solutions in KMU", Studie zum Einsatz und zur Sicherung von Informations- und Kommunikationstechnologien im deutschen Mittelstand
Workshare (2006)	„Information Risks in EU-Corporations", internationale Studie über die Wahrnehmung von Sicherheitsrisiken und unkontrolliertem Datenabfluss in Unternehmen

Tab. 2.2: Ausgewählte Literatur zur Nutzung der Tele- und Internetkommunikation in Unternehmen (Teil 2)

Aus diesen Quellen können folgende Befunde gezogen werden:

- Vergaben noch etwa 20% aller Unternehmen in Deutschland ihren Mitarbeitern Kleinstcomputer oder Smartphones (Büllingen 2006), so waren es 2008 bereits 59% (Ubitexx 2008). Je größer die Unternehmen, desto mehr mobile Geräte finden sich anteilig in der Mitarbeiterschaft.
- Gleichwohl dominiert die Festnetz-Telefonie mit 97,3% der am meisten genutzten Kommunikationswege (Corporate Trust 2010), gefolgt von E-

Mail (95,6%) und Fax (94,2%). Das Handy gehört heute mit einer Nutzung von 86,7% in den Unternehmen zu den primären Kommunikationsmitteln, gefolgt von Blackberries mit 43,4% und VoIP mit 23,9%.

- Zudem zeigt sich aus obigen Studien, dass primär die Installationskosten, der Administrationsaufwand und die Betriebskosten der Verbreitung der mobilen Kommunikation in Unternehmen entgegenstehen. Mangelnde IT-Sicherheit hingegen ist kein bedeutender Hinderungsgrund gegen die Einführung von mobiler Kommunikation (Büllingen 2006).
- Laut KPMG 2010 war von 2006 bis 2009 jedes dritte mittelständische Unternehmen von Datendiebstahl betroffen. In etwa der Hälfte der deutschen Unternehmen ist es bereits zum Verlust vertraulicher Informationen auch in mobiler Kommunikation gekommen (KES 2008; Cellebrite 2010). Bei großen Unternehmen sind es sogar etwa 75% (Ubitexx 2008). Dabei werden über 50% der unberechtigten Datenzugriffe durch Angestellte und externe Mitarbeiter durchgeführt. Bei 39% der Unternehmen, die bereits schon mal einen Datenverlust zu beklagen hatten, trat dieser nochmals auf (Ponemon 2009).
- Besonders mobile Systeme und Speichermedien sind wichtige „Datenlecks“ (KES 2008; Workshare 2006). Nur knapp 40% der Handybesitzer schützen ihr Mobiltelefon mit einem Passwort (Credant 2009). Dabei spielt es keine Rolle, ob es sich bei den Personen um einen „normalen“ User oder einen professionellen IT-Verantwortlichen handelt. Auch die Datensicherung wird bei mobilen Geräten nur unregelmäßig betrieben, obwohl in der Mehrheit ein erheblicher zeitlicher Aufwand (>1 Woche) mit der Herstellung der verlorenen Daten einhergeht (Cellebrite 2010).
- Eine Studie in Großbritannien aus dem Jahr 2005 zeigt, dass in einem Zeitraum von einem halben Jahr in jedem dritten Taxi ein Handy verloren wurde (insgesamt über 63.000 Stück), dazu 6.000 PDAs und 5.000 Laptops (Everett 2007).
- Die finanziellen Konsequenzen des Verlusts sensibler vertraulicher Informationen in der mobilen Kommunikation sind groß. Durchschnittlich 2,41 Mio € kostet eine „Datenpanne“ die Unternehmen (PGP 2009).
- Unternehmen nennen primär technische Leckagen als größtes Sicherheitsproblem in der mobilen Kommunikation (Symantec 2010, 2007). Besonders drahtlose Netzwerke (78% der Unternehmen), Sicherheitsprobleme durch Mobiltelefone (39% der Unternehmen) oder Bluetooth (35% der Unternehmen) werden als „Gefahrenquellen“ benannt (Symantec 2010).

- Eine „Firewall" haben nur 56% auf ihren mobilen Geräten eingerichtet (KES 2008). Ein Virenschutz liegt lediglich bei 68% der Unternehmen vor. Die Verbreitung der Viren und Schadprogramme erfolgt über Bluetooth und MMS.
- PriceWaterhouseCoopers hebt hervor, dass schon 46% der Unternehmen in Deutschland sensible Informationen durch „Data Leakage Prevention" absichern (PWC 2010b).
- Insbesondere das mangelnde Bewusstsein der Mitarbeiter (69% der Unternehmen) und die mangelnde „Security-Awareness" des mittleren Managements (45% der Unternehmen) stehen mehr Sicherheit in der mobilen Kommunikation und dem mobilen Internet im Weg (KES 2008). Andere Untersuchungen zeigen eine ähnliche Einschätzung der Mitarbeiter als „erste" Gefahrenquelle (Corporate Trust 2010).
- In allen untersuchten Ländern der Trend Micro Studie 2010 haben 60% der mobil tätigen Mitarbeiter gegenüber 44% der im Betrieb tätigen Mitarbeiter zugegeben, vertrauliche Informationen über Instant Messaging, Webmail oder Social-Media-Anwendungen weitergegeben zu haben.
- Die KES Studie zeigt, dass über die Hälfte der Unternehmen Schutzsoftware auf mobilen Geräten einsetzt. Dabei nimmt der Einsatz von Softwarepaketen zu (KES 2008).
- Die Mehrheit der Unternehmen nutzt keine Verschlüsselungstechniken in der mobilen Kommunikation (Corporate Trust 2010; Symantec 2010, 2007; KES 2008). Annuscheit (2008) beziffert die Verschlüsselung für Notebooks mit 40%, für PDAs mit 30%. Allerdings scheinen die Studienergebnisse davon beeinflusst zu werden, welche Position die Befragten in den Unternehmen besetzen. IT-Fachleute geben deutlich häufiger an, eine Verschlüsselung zu nutzen (Symantec 2007). Weiterreichende Schutzmaßnahmen (Content-Filtering, Intrusion-Prevention) sind deutschlandweit deutlich seltener (Symantec 2007).
- In der Corporate Trust Studie geben die Hälfte der Unternehmen ihren Mitarbeitern keine klaren Vorgaben zum Umgang mit vertraulichen Informationen, Daten oder Dokumenten. Andere Studien zeigen aber, dass solche Richtlinien bei mehr als einem Drittel der Unternehmen nicht schriftlich fixiert werden (ECC 2009).
- 15% der Deutschen Unternehmen schulen den sicheren Umgang mit PDAs (Buschmann 2007, S. 8).
- Laut Studie der Informationsweek werden die Verfahren zur Sicherung von Daten weniger genutzt als in der Vergangenheit. Nutzten 71% der

Befragten im Jahr 2007 diese Technik, waren es im Jahr 2008 nur 58%. Sicherungstechniken für IT Hardware wie Sticks, etc. werden nur in sehr wenigen Fällen genutzt (Informationsweek 2008).

- Laut der ECC-Studie werden Mitarbeiterschulungen in zwei Drittel der Unternehmen durchgeführt. Allerdings beschränken sich diese Schulungen auf allgemeine Hinweise zum Thema Datensicherheit und IT, spezifische Schulungen für das mobile Internet oder die mobile Kommunikation sind deutlich seltener (ECC 2009).
- Die Mehrheit der mittelständischen Unternehmen verfügt über keinen Beauftragten für den Schutz vertraulicher Informationen in der mobilen Kommunikation (Krybus 2008).

Technische und verhaltensbezogene Leckagen

Die folgenden Beiträge aus der Literatur nennen die Leckagen in der mobilen Kommunikation:

Quelle (Jahr)	**Beschreibung**
Ries (2010)	Lauschangriff für Jedermann, Bericht über neu günstige Abhörtechniken für Handys
Corporate Trust (2010)	„Gefahrenbarometer“, Studie zu Gefahren und Sicherheitsrisiken im deutschen Mittelstand
Cellebrite (2010)	„Datensicherung beim Mobiltelefonieren“, Studie zum Risikoverhalten im Bereich mobiler Kommunikation
Clearswift (2010)	„Schutz mit content-basierten gateway-Lösungen“, Informationsbericht über die Hauptursachen für den Verlust vertraulicher Daten
Symantec (2010)	„SMB Information Protections Survey“, internationale Studie zu Daten- und Informationssicherheit im Mittelstand
ECC (2009)	„Netz- und Informationssicherheit in Unternehmen“, Studie zum Umgang mit IT-Sicherheitsrisiken im Mittelstand
PGP (2009, 2008)	„Jahresstudien“, Studien zu Datenpannen und Kosten durch Datenverlust in Unternehmen in Deutschland
Wiele (2009)	„Data Leakage Prevention in Unternehmen“, Artikel zur IT-Sicherheit unter dem Motto „Vom Leck zum Ventil“

Tab. 2.3: Ausgewählte Literatur zu den Leckagen in der mobilen Kommunikation (Teil 1)

Quelle (Jahr)	Beschreibung
KES 2008	„Microsoft-Sicherheitsstudie“, Studie in Form eines Lageberichts zur Informationssicherheit im Umgang mit Informations- und Kommunikationstechnologien
Ubitexx (2008)	„Smart Phones Mobile Business“, Studie zur mobilen Kommunikation im Bereich Firmeneinsatz von Smartphones und Businesshandys in Deutschland
InformationWeek (2008)	„IT Security“, internationale Studie zu IT Sicherheit und Datenschutz in Unternehmen mit Schwerpunkt KMU
Krybus (2008)	„Mobile Business – Strategie und Erfolgsfaktoren für den Mittelstand“, Studie zu mobilen Informations- und Kommunikationstechnologien
Buschmann (2007)	„Mangel an Sicherheitsbewusstsein“, Beitrag in der Zeitschrift für Kommunikations- und EDV-Sicherheit zum Umgang mit dem Risiko von Datenverlust durch mobile Kommunikation
Heikkila (2007)	„Encryption: Security Considerations for Portable Media Devices“, internationaler Beitrag zur IT-Sicherheit
Symantec (2007)	„IT Sicherheit in KMU“, internationale Studie zum Umgang mit IT-Sicherheitsrisiken im Mittelstand
Blickpunkt: KMU (2007)	„Quo vadis, Telekommunikation?“, Expertenbefragung zur Entwicklung der mobilen Kommunikation im deutschsprachigen Raum
Büllingen (2006)	„Mobile Enterprise-Solutions in KMU“, Studie zum Einsatz und zur Sicherung von Informations- und Kommunikationstechnologien im deutschen Mittelstand
Davis (2006)	„Information security can enable mobile working“, internationaler Beitrag in der Zeitschrift Infosecurity Today
Workshare (2006)	„Information Risks in EU-Corporations“, internationale Studie über die Wahrnehmung von Sicherheitsrisiken und unkontrolliertem Datenabfluss in Unternehmen

Tab. 2.4: Ausgewählte Literatur zu den Leckagen in der mobilen Kommunikation (Teil 2)

Aus diesen Quellen können folgende Leckagen in der mobilen Kommunikation gezogen werden:

- Auslesen von Daten aus verlorenen oder gestohlenen Handys, Sticks, Laptops und anderen Geräten sowie von liegen gebliebenen oder gestohlenen Unterlagen
- Mithören/-schneiden/-lesen von Telefonaten, Fax, VoIP, Gesprächen und Präsentationen im öffentlichen Raum (inkl. bei Präsentationen) oder sogar in den eigenen Büros

- „Shoulder Surfing“ Mitlesen im öffentlichen Raum, (z. B. Flugzeug, Zug, Café, Outdoor-Präsentation)
- Fehlgeleitete SMS und Fax mit / ohne Weitergabe.
- Mitlesen und Abfangen von Emails, FTP-Datensendungen
- Öffnen und Lesen von Postsendungen
- Phishing
- Auslesen durch Hacker über Bluetooth-Einwahl
- Aufzeichnen des Datenflusses aus ungesicherten WLAN -, UMTS-, GPRS- und Bluetooth-Verbindungen
- Auslesen über Trojaner/Viren etc.
- Umleiten von Emails und FTP-Sendungen
- Überlassen von Firmenlaptops oder anderen mobilen Geräten nach der Arbeit an Familienmitglieder

Technische und verhaltensbezogene Schutzmaßnahmen

Die folgenden Beiträge aus der Literatur nennen Schutzmaßnahmen in der mobilen Kommunikation, zum Schutz der Vertraulichkeit:

Quelle (Jahr)	Beschreibung
BSI (2010)	„Basisschutz leicht gemacht“, Leitfaden zur Sicherung von Daten und Informationen im Bereich mobiler Kommunikation
Corporate Trust (2010)	„Gefahrenbarometer“, Studie zu Gefahren und Sicherheitsrisiken im deutschen Mittelstand
Cellebrite (2010)	„Datensicherung beim Mobiltelefonieren“, Studie zum Risikoverhalten im Bereich mobiler Kommunikation
Perspektive Mittelstand (2010)	„Sicherheitslösungen für mobile Endgeräte“, Pressebericht über neue Verschlüsselungstechnologien von Geräten, Datenkommunikation und Sprache (VoIP)
Symantec (2010)	„SMB Information Protections Survey“, internationale Studie zu Daten- und Informationssicherheit im Mittelstand
TeleTrust Deutschland (2010)	„Wie sichere ich meine Daten?“, Praxistipps für KMU insbesondere für das Handwerk

Tab. 2.5: Ausgewählte Literatur zu den Schutzmaßnahmen und Lösungen in der mobilen Kommunikation (Teil 1)

Quelle (Jahr)	Beschreibung
ECC (2009)	„Netz- und Informationssicherheit in Unternehmen", Studie zum Umgang mit IT-Sicherheitsrisiken im Mittelstand
mIT-Sicherheit (2009)	„Wie Sie sich vor USB-Raubkopierern schützen", Checkliste zum Schutz vor Datendiebstahl
PGP (2009, 2008)	„Jahresstudien", Studien zu Datenpannen und Kosten durch Datenverlust in Unternehmen in Deutschland
KES 2008	„Microsoft-Sicherheitsstudie", Studie in Form eines Lageberichts zur Informationssicherheit im Umgang mit Informations- und Kommunikationstechnologien
Ubitexx (2008)	„Smart Phones Mobile Business", Studie zur mobilen Kommunikation im Bereich Firmeneinsatz von Smartphones und Businesshandys in Deutschland
InformationWeek (2008)	„IT Security", internationale Studie zu IT Sicherheit und Datenschutz in Unternehmen mit Schwerpunkt KMU
Krybus (2008)	„Mobile Business – Strategie und Erfolgsfaktoren für den Mittelstand", Studie zu mobilen Informations- und Kommunikationstechnologien
PGP (2008)	„Verschlüsselungstrends in deutschen Unternehmen", Studie zum Wechsel von Unternehmen zu einem strategischen Verschlüsselungsansatz
Buschmann (2007)	„Mangel an Sicherheitsbewusstsein", Beitrag in der Zeitschrift für Kommunikations- und EDV-Sicherheit zum Umgang mit dem Risiko von Datenverlust durch mobile Kommunikation
Symantec (2007)	„IT Sicherheit in KMU", internationale Studie zum Umgang mit IT-Sicherheitsrisiken im Mittelstand
Blickpunkt: KMU (2007)	„Quo vadis, Telekommunikation?", Expertenbefragung zur Entwicklung der mobilen Kommunikation im deutschsprachigen Raum
Büllingen (2006)	„Mobile Enterprise-Solutions in KMU", Studie zum Einsatz und zur Sicherung von Informations- und Kommunikationstechnologien im deutschen Mittelstand
Workshare (2006)	„Information Risks in EU-Corporations", internationale Studie über die Wahrnehmung von Sicherheitsrisiken und unkontrolliertem Datenabfluss in Unternehmen
Rach (2006)	„Sicherheit stationärer und mobiler persönlicher IuK", Leitfaden zur Vermeidung von Daten- und Informationsverlust

Tab. 2.6: Ausgewählte Literatur zu den Schutzmaßnahmen und Lösungen in der mobilen Kommunikation (Teil 2)

Gerade zu den Vorschlägen für Schutzmaßnahmen kann die obige Aufstellung nicht vollständig sein. Daher sind nur ausgewählte, prominente Beiträge hier aufgeführt. Aus diesen Quellen können folgende Schutzmaßnahmen in der mobilen Kommunikation gezogen werden. Dabei wird in technische und verhaltensbezogene Schutzmaßnahmen unterschieden. Zu technischen Schutzmaßnahmen zählen der Einsatz von Software, die Verschlüsselung, Richtlinien oder die Datensicherung. Verhaltensbezogene Maßnahmen können Mitarbeiterschulungen oder die Einsetzug eines Sicherheitsbeauftragten sein.

Technische Schutzmaßnahmen:

- *Einsatz von Software*: Hierzu gehören neben Zugangsschranken und (aufwändiger) Identity Management Software auch Verschlüsselung von auf den mobilen Geräten befindlichen Informationen, Verschlüsselung und Tunnelung der Übertragung der Informationen (Daten, Sprache), Firewalls und Schutzsoftware gegen Hackerangriffe sowie Software zur Identifizierung und Beseitigung von Viren und Trojanern. Letztendlich gehört hierzu auch der häufig genutzte Bildschirmschoner sowie Software zum Sperren des versehentlichen Zugangs zu ungeschützten oder zu Phishing-Seiten im Internet.
- *Datensicherung*: Umfasst jegliche Formen der Datensicherung auf den mobilen Geräten, i. d. R. auch Softwareunterstützung.
- *„Mechanische" und „bauliche" Maßnahmen:* Hier handelt es sich um jegliche Maßnahmen, die geeignet sind auf mechanischem Wege, mobile Geräte zu schützen und Leckagen zu vermeiden. Hierzu gehören u. a. Sichtschutzen(folien) auf dem Laptopbildschirm (gegen Shoulder Surfing), Laptopketten gegen Diebstahl, verschlossene Handy-Etuis oder auch – wenn doch ungewöhnlich – der schallgeschlossene Raum nur für Handytelefonate (eine neue Nutzung der früheren Telefonzelle). Ebenso Schall und Sichtschutz in Tagungsräumen.

Verhaltensbezogene Schutzmaßnahmen:

- *Richtlinien* sollen den Mitarbeitern verbindliche Verhaltensvorgaben geben, die Leckagen vermeiden sollen, so z. B. wo und wie (laut) im öffentlichen Raum telefoniert oder gesprochen werden soll oder wie der Verlust von mobilen Geräten verhindert werden kann. Weiter sind auch Vorgaben zum Umgang mit Internet und SMS, Fax sowie Postversand darunter zu subsumieren. Ebenso das Verbot der Mischnutzung der Geräte im Privaten und Beruflichen, also z. B: keine Überlassung an die Kinder.

- *Mitarbeiterschulung und Workshops*: Hierunter sind alle Veranstaltungen zu subsumieren, die die Mitarbeiter für den Schutz der Vertraulichkeit sensibilisieren und anleiten (z. B. in die Schutzsoftware oder Richtlinien).
- *Sicherheitsbeauftragter*: Hier handelt es sich um die Einsetzung eines Verantwortlichen für den Schutz der Vertraulichkeit in der mobilen Kommunikation. Diese Aufgabe wird der Verantwortliche allerdings in kleinen und mittleren Unternehmen wahrscheinlich nur als Teil auch anderer Datenschutz- und Sicherungsaufgaben bearbeiten.

Die hier zusammen getragenen Leckagen und Schutzmaßnahmen werden im folgenden Kapitel um weitere systematisiert und ergänzt.

3 Leckagen mobiler Kommunikation und Konsequenzen

Im vorliegenden Kapitel 3 sollen nun alle in der Literatur genannten Leckagen und ansonsten denkbaren Leckagen der mobilen Kommunikation zusammengetragen und systematisiert werden. Es schließt sich eine Diskussion über die Konsequenzen dieser Leckagen im Schadensfall an, die in ihrer Summe zur Bedrohung des Unternehmens beitragen. Die bereits zuvor angesprochenen Schutzmaßnahmen werden diesen zugeordnet.

3.1 Leckagen mobiler Kommunikation

Im Kapitel 2 zuvor wurde hergeleitet, dass Vertraulichkeit in der mobilen Kommunikation nur dann gegeben ist, wenn Informationen nicht an – unbefugte – Dritte gelangt (Kapitel 2.1).

Dies kann nur durch Leckagen in der Kommunikation an Dritte gelangen. Ihre Grundformen sind das Auslesen, Mithören/-lesen und Umleiten. Dabei können die Leckagen technisch oder verhaltensbedingt entstehen und während der Telekommunikation, der Internetkommunikation oder in der persönlichen bzw. postalischen Kommunikation auftreten (Handlungsfelder, Kapitel 2.2).

Dabei ist es zunächst für die Leckage unerheblich, an wen und mit welcher Konsequenz die Informationen abfließen, ob sie vertraulich oder nicht sind (siehe dazu oben Kapitel 2.1). Und nur dies soll hier interessieren. Es ist vielmehr Ziel dieses Kapitels, alle denkbaren Leckagen zusammen zu tragen und entlang der zuvor genannten Eigenschaften systematisiert zu werden. Die Quellen zur explorativen Identifikation der Leckagen waren dabei:

- Die in der Literatur (wissenschaftliche und Praktiker-Studien, Fallstudien, Ratgeber, Richtlinien, Datenschutzberichte, Meinungsbeiträge, Presseberichte u. a.) genannten Leckagen, siehe Kapitel 2.3.
- Sachlogisch in drei Workshops mit Experten zum Thema erarbeitete Zusammenstellungen von Leckagen (siehe hierzu auch Kapitel 4.2, sowie Workshops mit Kompetenzträgern aus der Praxis, u. a. O_2 Germany GmbH im Juni 2010).

Die Verwertung dieser Ergebnisse erfolgt nun in zwei Schritten:

- Illustration / Beschreibung der Leckagen im Unternehmenskontext: Im Folgenden sollen die Leckagen entlang von typischen Arbeitssituationen und -prozessen in Unternehmen zunächst illustriert werden. Dazu werden jeweils mehrere Leckagen unter einer hierfür typischen Handlung im Unternehmenskontext zusammengefasst (z. B. gezielter Datendiebstahl durch Mitarbeiter). Dabei soll deutlich werden, welche Leckagen in den Unternehmen und über ihre Unternehmensgrenzen hinweg auftreten können und ob sie primär technisch oder verhaltensbedingt sind.
- Strukturierte Aufstellung aller denkbaren Leckagen in der mobilen Kommunikation: Anschließend werden alle – über die o. g. Quellen – identifizierten Leckagen in einer Übersicht systematisiert zusammengestellt. Letzteres erfolgt nach den drei Handlungsfeldern der mobilen Kommunikation (s. o.) und den Grundformen der Leckagen (s. o.). Zudem wird indiziert, ob die jeweilige Leckage verhaltensbedingt oder technisch begründetet ist. Somit greift die Übersicht auf die vorangestellte Illustration zurück.

Die folgenden Ausführungen illustrieren typische Leckagen im Kontext der Unternehmen. Dabei wird auch ausgeführt, welche Intention hinter dem „Informationsabfluss" und welche Rezipienten typischerweise in Frage kommen. Die Leckagen können in der wie oben definierten mobilen Kommunikation auftreten – gleichwohl können diese auch allgemeingültig in der Kommunikation und bei der stationären Informations- und Datenhaltung auftreten.

Gezielter Informationsdiebstahl durch Mitarbeiter

Unternehmen sind stets der Gefahr ausgesetzt, illoyale oder kriminelle Mitarbeiter zu beschäftigen. Diese könnten gezielt auf Informationen zugreifen wollen, für die sie keine Berechtigung besitzen. Das gilt nicht nur für Daten auf Computern in den Unternehmen, sondern gleichermaßen für mobile Geräte. Kleine und mittlere Unternehmen unterschätzen derzeit die Gefahr, dass ihr Know-how gestohlen werden könnte (BfV 2009). Dabei stellt der Datendiebstahl innerhalb der Wirtschaftskriminalität für den Mittelstand ein großes Problem dar. Von 2006 bis 2009 war jedes dritte mittelständische Unternehmen hiervon betroffen (Corporate Trust 2009, S. 17; KPMG 2010, S: 23; Deutsche Handwerkszeitung 2007). Diese Gefahren ergeben sich u. a. dann, wenn die mobilen Geräte der Mitarbeiter unbeaufsichtigt sind und kein ausreichender Zugriffsschutz besteht. Zudem können mit Hilfe von mobilen Geräten innerhalb weniger Minuten große Datenmengen aus dem Firmennetzwerk entwendet werden. Außerdem lassen sich vertrauliche Daten unkompliziert von einem mobilen Gerät auf ein anderes übertragen (Heikkila 2007, S. 22).

Zufälliger Datenzugriff durch Mitarbeiter

Des Weiteren entsteht den Unternehmen ein Schaden, wenn Mitarbeiter evtl. aus Neugier auf vertrauliche Daten zugreifen und diese ungewollt ändern bzw. löschen. Daher besteht die größte Gefahr, wenn das eigene Personal versehentlich auf diese Informationen zugreift (Wiele 2009). Durchschnittlich werden mehr als die Hälfte unberechtigter Datenzugriffe durch Angestellte und externe Mitarbeiter durchgeführt (Schill 2007, S. 24). Das ist allerdings nicht verwunderlich, da Mitarbeiter ihren Kollegen den Zugriff durch fahrlässiges Handeln ermöglichen. Zum Beispiel verleihen Kollegen ihre mobilen Geräte untereinander, wodurch schützenswerte Informationen in unbefugte Hände geraten können (BSI 2008, S. 114). Darüber hinaus schützen nur knapp 40% ihr Mobiltelefon mit einem Passwort (Credant 2009). Ebenso ist es nicht ungewöhnlich, dass Mitarbeiter ihre mobilen Geräte und vertraulichen Passwörter unbeaufsichtigt liegen lassen (Davis 2006, S. 42). Aber auch die IT-Verantwortlichen sind kein besseres Vorbild. Eine Studie von Credant Technologies deckte auf, dass IT-Verantwortliche ihre eigenen Smartphones genau so mangelhaft mit einem Passwort schützen, wie der Großteil der Bevölkerung (Credant 2009; Knight 2004, S. 17).

Diese Probleme könnten umgangen werden, wenn das Gerät einen ausreichenden Passwortschutz besitzen würde. Zudem darf das Gerät nicht unbeaufsichtigt liegen gelassen werden. Jedoch nutzen Passwörter für mobile Geräte recht wenig, wenn sie anderen Kollegen bekannt sind oder auf die Rückseite vom Gerät aufgeklebt werden. Abgesehen von der reinen Neugier und dem Fehlen eines Passworts wird die Vertraulichkeit sensibler Daten verletzt, indem Geräte parallel für private und geschäftliche Dinge genutzt werden. Dadurch werden für das Unternehmen vertrauliche und irrelevante Daten miteinander vermischt.

Dies erhöht das Risiko, dass wichtige Informationen an Dritte gelangen können (Annuscheit 2008; Büllingen et al. 2009, S. 612; Credant 2009; McAfee 2009, S. 4). Mitarbeiter könnten z. B. den Firmenlaptop nach der Arbeit den eigenen Kindern überlassen, die dann über das Internet ungewollt Schadsoftware auf das Gerät übertragen. Auf diesem Weg kann wiederum Schadsoftware in das Firmennetzwerk gelangen (Heikkila 2007, S.

22; Kinzel 2009; Mitroussi 2007, S, 41). Für die IT-Abteilung stellt die gemischte Nutzung mobiler Geräte eine besondere Herausforderung dar, weil sie im Schadensfall nur schwer als Ursache nachzuweisen ist (Goode 2010, S. 13). Zum Schutz vor solch einer Gefährdung bedarf es im Vorfeld sowohl organisatorischer als auch technischer Vorkehrungen, wie sie im weiteren Verlauf beschrieben werden.

Zufälliger Informations- und Geräteverlust durch Mitarbeiter

Die mobilen Geräte gehen aufgrund ihrer geringen Größe schnell verloren. Im günstigsten Fall verlieren die Unternehmen lediglich das Gerät bzw. die darauf befindlichen Informationen und es kommt zu keinem gefürchteten Datenmissbrauch (Botha et al. 2009, S. 130; BSI 2006, S. 16; McAfee 2009, S.3; Siemens 2007, S. 14). Werden die Geräte außerhalb des Unternehmens (z. B. am Bahnhof) kurze Zeit unbeaufsichtigt gelassen, können diese zudem leicht gestohlen werden.

Trotz Verschlüsselungstechniken für sensible Informationen machen deutsche Unternehmen hiervon nur unzureichend Gebrauch. Lediglich jedes zweite Unternehmen verschlüsselt vertrauliche Daten auf den mobilen Geräten (KES 2008a). Genauer betrachtet nutzen nur 40% eine Verschlüsselung für Notebooks bzw. 30% für PDAs (Annuscheit 2008). Ähnlich sieht es bei der Absicherung der Kommunikationskanäle aus. Selbst wenn Daten auf verlorenen Geräten verschlüsselt sein sollten, lässt sich ein 100%iger Schutz durch den Einsatz von Software nicht vollständig garantieren (Büllingen et al. 2009, S. 614). In Großbritannien ging im Jahr 2005 innerhalb von sechs Monaten allein in jedem dritten Taxi ein Handy verloren, insgesamt waren es 63.135 Stück. Darüber hinaus verloren Reisende dort zusätzlich knapp 6.000 PDAs und fast 5.000 Laptops (Everett 2007, S. 16).

Gezielter Informationsdiebstahl durch Fremde

Neben den bereits geschilderten Gefahren, die von eigenen Mitarbeitern ausgehen, bestehen in der mobilen Kommunikation noch weitere Risiken. Zum Beispiel dann, wenn mobile Geräte mit vertraulichen Informationen durch gezielten Diebstahl an die Konkurrenz oder Kriminelle gelangen. Beispielsweise könnten ehemalige Mitarbeiter noch in das Firmennetzwerk eindringen, sofern ihre alten Zugangsdaten nicht gelöscht wurden (Wiele 2009). Ein weiteres Problem besteht in der Tatsache, dass Mitarbeiter die Sicherheitsmaßnahmen (Passwortschutz, Verschlüsselung etc.) auf ihren mobilen Geräten aus Bequemlichkeit ausschalten könnten (Handelsblatt

2010a, S. 2). Das würde es Hackern noch einfacher machen, die vermeintlichen Sicherheitsbarrieren zu überwinden und auf vertrauliche Informationen zuzugreifen.

Gezielte Manipulation oder Einschleusung von Schadprogrammen

Es wurde bereits erwähnt, dass Mitarbeiter mit ihren mobilen Geräten oft fahrlässig umgehen. Die Geräte werden aber nicht ausschließlich gestohlen. Hacker und Kriminelle können durch fahrlässiges Handeln seitens der Mitarbeiter bzw. durch ungenügende Sicherheitsvorkehrungen gezielt einen Schaden anrichten, indem sie Informationen auf den mobilen Geräten gezielt manipulieren (BSI 2006, S. 17).

Die Vertraulichkeit in der mobilen Kommunikation wird vor allem gefährdet, wenn die Geräte mit Kommunikationsfunktion keine Firewall und Antiviren-Software besitzen. Aktuell besteht in den Unternehmen ein großer Nachholbedarf, da nur wenige Unternehmen hiervon ausreichend Gebrauch machen. Nur 56% haben auf ihren mobilen Geräten eine Firewall eingerichtet (KES 2008a). Ein Virenschutz liegt lediglich bei 68% der Unternehmen vor (KES 2008a; Meyer 2007, S. 2). Zwar existieren für mobile Geräte wie PDAs oder Smartphones derzeit nur ca. 340 Viren, diese Zahl wird in Zukunft deutlich nach oben korrigiert werden (Brinkschulte 2007, S. 45; Burkitt 2010, S. 14; Hesse et al. 2007, S. 18). Die meisten Schadprogramme werden dabei über Bluetooth und MMS verbreitet. Ebenso können sie unbewusst durch die Mitarbeiter installiert werden. Zum Beispiel dann, wenn auf dem Smartphone eine vermeintlich sichere Anwendung installiert wird, in der sich jedoch Schadsoftware befindet (Hesse et al. 2007, S. 18). Schadprogramme können somit auf unterschiedlichem Weg auf das mobile Gerät und von dort aus direkt in das Firmennetzwerk gelangen (BSI 2006, S. 19; BSI 2008, S. 126; Heikkila 2007, S. 22; Kinzel 2009).

Gezielter Angriff durch Observation oder zufälliges Abhören/Mitlesen

Darüber hinaus ermöglichen mobile Geräte eine gezielte Überwachung der Mitarbeiter durch Fremde (McAfee 2009, S. 4). Selbst eine Deaktivierung von GPS bringt hier keine Abhilfe. Auch dann, wenn gleichzeitig das Gerät ausgeschaltet ist, wird die Lokalisierung durch das Netz oder durch das Endgerät ermöglicht (BSI 2008, S. 103). Hierdurch lassen sich leicht ganze Bewegungsprofile von Mitarbeitern erstellen, die dann für weitere Zwecke missbraucht werden könnten. Ebenso ist es möglich, dass vertrauliche Informationen durch Telefonate im öffentlichen Raum (Café, Wartebereich am Flughafen/Hotel) nach außen gelangen, wenn Fremde bewusst oder unbewusst mithören. Oder Konkurrenten erhalten einen Einblick auf Präsentationsfolien einer neuen Produktvorstellung, während von außen durch das Fenster geschaut wird. Das gleiche Problem besteht im öffentlichen Nahverkehr, wenn Fremde den Bildschirm des mobilen Geräts betrachten können.

Gezielter Angriff auf Schnittstellen

Mobile Geräte sind aber nicht die einzigen Angriffziele, denn vertrauliche Informationen können zudem über die Kommunikationskanäle und Schnittstellen abgefangen werden. Über eine vorhandene Absicherung der eigenen Schnittstellen in der mobilen Kommunikation ist allerdings nur jedes zweite Unternehmen informiert (BSI 2009c, S. 43). So besteht keine Kenntnis darüber, ob sichere Einstellungen für das WLAN oder Bluetooth von den Mitarbeitern genutzt werden, um Daten vertraulich behandeln zu können (BSI 2008, S. 117; Geldermann 2006, S. 2). Bei geschäftlichen Telefonaten besteht ebenfalls das Risiko, dass Inhalte dieser Gespräche durch so genannte Man-in-the-Middle-Attacken an Dritte gelangen. Während dessen wird beiden Gesprächspartnern Vertraulichkeit vorgetäuscht. Allerdings schaltet sich von beiden unbemerkt ein Mithörer zwischen die Gesprächspartner und kann das Gespräch mitverfolgen (Geldermann 2006, S. 3). Ebenfalls lassen sich vertrauliche Telefonate durch den Zugriff auf das entsprechende Providernetz abhören. Unternehmen können dies jedoch nicht beeinflussen (BSI 2008, S. 25, 114).

Systematische Zusammenstellung der Leckagen

Was zuvor im Unternehmenskontext illustriert wurde, soll für die mobile Kommunikation systematisch zusammengestellt werden. Die folgende Tabelle gibt die wie oben hergeleitete Übersicht über alle denkbaren Leckagen in der mobilen Kommunikation wieder. Die Struktur der Übersicht orientiert sich an den Handlungsfeldern der mobilen Kommunikation sowie an den Grundformen der Leckagen. Zudem wird zu jeder Leckage ein Hinweis gegeben, ob diese verhaltens- oder technisch bedingt ist. Die Beschreibungen der Leckagen dürften – auch im Lichte der Illustrationen zuvor – selbsterklärend sein, so dass hier auf eine weitergehende Beschreibung verzichtet wird. Die Übersicht wird im späteren Kapitel 5 genutzt, um den Leckagen auch strukturiert Schutzmaßnahmen zuzuordnen.

	Handlungsfeld	Grundform	Leckage	Char.
↑ „mobile Kommunikation“	Telekommunikation (Handy)	Auslesen	Auslesen von Daten aus verlorenen oder liegen gebliebenen Handys, Sticks etc.	t
			Auslesen durch Hacker über Bluetooth-Einwahl	t
		Mithören /-lesen	Mithören/-schneiden von Telefonaten im öffentlichen Raum	v
			Mithören/-schneiden von Telefonaten im nichtöffentlichen Raum (Büro vs. privat)	v
			Mitlesen von SMS	t
		Umleiten	Abfangen von fehlgeleiteten Fax-Sendungen	t/v
			Abfangen von umgeleiteten SMS ohne Weiterleiten	t
	Internetkommunikation (Laptop, Netbook + Hardware, Smartphone, TabletPCs/Pads)	Auslesen	Auslesen durch Hackereinwahl	t
			Auslesen über Trojaner/Viren etc.	t
			Auslesen von verlorenen/gestohlenen oder liegen gebliebenen Laptops, Smartphones, Sticks etc.	v
		Mitlesen /-hören	Aufzeichnen des Datenflusses aus ungesicherten WLAN -, UMTS-, GPRS-, Bluetooth-Verbindungen	t
			„Abhören“/Mitschneiden VoIP-Kommunikation	t
			Mitlesen von Emails	t
			Mitlesen von FTP-Datensendungen	t
			„Shoulder Surfing“	v
		Umleiten	Phishing	v/t
			Auslesen von umgeleiteten Emails	t
			Auslesen von umgeleiteten FTP-Sendungen	t
	Persönliche & postalische Kommunikation Gespräche, Präsentationen Datenträgerweitergabe (CDs, Sticks etc.)	Mithören	Mithören von Gesprächen im öffentlichen Raum (z. B. Flugzeug, Zug, Café, Outdoor-Präsentation)	v
			Mithören von Gesprächen im nichtöffentlichen Raum (Büro vs. privat)	v
		Mitlesen	Mitlesen im öffentlichen Raum, (z. B. Flugzeug, Zug, Café, Outdoor-Präsentation)	v
			Mitlesen von geöffneten, aber dennoch weitergeleiteten oder fehlgeleiteten Postsendungen	v
			Mitlesen im nichtöffentlichen Raum (z. B. Büro vs. privat)	v
		Auslesen / Kopie	Auslesen von liegen gebliebenen von nichtelektronischen Unterlagen im öffentlichen Raum (Windstoß, Flugzeug, Zug, Café)	v
			Auslesen von liegen gebliebenen von nichtelektronischen Unterlagen im nichtöffentlichen Raum (Büro vs. privat)	v
„immobile Kommunikation“ ↓		Umleiten	Abfangen von um- oder fehlgeleiteten Postsendungen (ohne Weiterleitung)	v

Tab. 3.1: Strukturierte Aufstellung möglicher Leckagen in der mobilen Kommunikation (Char. = „Charakter“: t = Leckage hat technische Ursache, v = Leckage hat Verhaltensursache (des Mitarbeiters/der Mitarbeiterin)

3.2 Konsequenzen: Schäden und Schutzmaßnahmen

Gelangen vertrauliche Informationen über die Leckagen an – unbefugte – Dritte, können daraus – auch erhebliche – Konsequenzen für die Unternehmen entstehen. Die Konsequenzen sind zunächst einmal Schäden, die sich aus den Leckagen ergeben können (siehe dazu auch oben Kapitel 2.1). Da es das Ziel der vorliegenden Schrift ist, Leckagen nur zu identifizieren und Schutzmaßnahmen vorzuschlagen, stehen Schäden zwar nicht im Fokus der Betrachtungen. Gleichwohl erscheint es u. E. sinnvoll, einen zumindest groben Überblick über diese Art der Konsequenz der Leckagen zu erhalten, um die Bedrohung, die sich aus Leckagen für die Unternehmen ergeben abschätzen zu können. Eine andere Art der Konsequenz aus den Leckagen ist es, Schutzmaßnahmen zu ergreifen. Daher sollen hier alle denkbaren Schutzmaßnahmen gegen Leckagen zusammengefasst und systematisiert werden.

Konsequenz: Image- und Vertrauensverlust sowie finanzielle Schäden

Nachdem der Verlust vertraulicher Informationen an die Öffentlichkeit gelangt ist, kann es in Abhängigkeit vom Ausmaß des Schadens zu einem Vertrauensverlust beim Kunden und Geschäftspartnern aber auch in der Öffentlichkeit kommen (Wiele 2009). Dabei ist sowohl das Faktum des Verlustes imageschädigend, wie ggf. auch die nach außen gelangten vertraulichen Informationen selbst. Letzteres bedeutet, dass z. B....

- Konkurrenten an strategische Informationen des Unternehmens gelangen,
- Mitarbeiter, Kunden und Geschäftspartner erkennen, dass Ihre persönlichen Daten öffentlich werden oder an Dritte gelangen,
- andere Einrichtungen Informationen erhalten, die sie so nicht besitzen sollten (z. B. interne Bewertungen von Vermögensgegenständen des Unternehmens gelangen an den Fiskus oder Ratingagenturen),
- Informationen über neue Produkte zu früh in die Öffentlichkeit gelangen und die bestehenden Produkte – im Lichte der kommenden Neuerungen – nicht mehr aktuell wirken und auch nicht mehr zu den bisherigen Preisen veräußert werden können.

Als Folge könnten bestehende Kunden abwandern und potentielle Neukunden abgeschreckt werden (Geldermann 2006, S. 5). Wenn vertrauliche Informationen über Geschäftspartner verloren gehen, kann dies zur sofortigen Beendigung der Geschäftsbeziehung führen (Handelsblatt 2010a).

Ist ein Unternehmen vom Verlust vertraulicher Informationen betroffen, müssen die Betroffenen gemäß §42a BDSG informiert werden. Dies kann entweder persönlich oder durch eine Veröffentlichung erfolgen (Kinzel 2009).

Jenseits von dem Image- und Vertrauensschaden können auch Regressansprüche der Betroffenen entstehen. Allerdings ist es für die Betroffenen i. d. R. schwer, einen Schaden aus dem Verlust zu benennen und hierfür Regress gegenüber dem Unternehmen zu nehmen. Gleichwohl letztlich liegen die durchschnittlichen Kosten einer „Datenpanne" in deutschen Unternehmen bei 2,41 Mio. Euro (Ponemon 2009, S. 11). Grund hierfür mag auch sein, dass sich direkte Schäden aus dem Verlust der Informationen für das Unternehmen leichter bemessen lassen. Diese Schäden sind zum Beispiel (u. a. Kölmel 2007, BSI 2010b, Cordial 2010):

- Verlust von Kunden und damit von Umsatz und Gewinn.
- Desgleichen bei Kooperationspartnern, Lizenzgebern oder auch Zulieferern.
- Kenntnis der Kunden über die Preiskalkulation des Unternehmens und damit verstärkter Preisdruck.
- Die Kosten für vertraulich erhobene Informationen, die nun auch anderen (z. B. Konkurrenten) zugänglich sind.
- Neubewertungen und Nachversteuerungen durch den Fiskus.
- Verschlechtertes Rating durch Banken und Agenturen und daraus folgend verschlechterte Kreditkonditionen.
- Kosten für die Vergabe neuer Passwörter und Zugangsberechtigungen.
- Desgleichen für die Entwicklung neuer Technologien, Produkte, Produktionsverfahren und Strategien.
- Verluste durch Neubeschaffung von Mitarbeitern als Ersatz für Mitarbeiter, die aufgrund des o. g. Vertrauensverlustes das Unternehmen verlassen haben.
- Investitionen in Marketingmaßnahmen, um die vorherige Reputation wiederherzustellen.
- Gesetzlich vorgegebene Strafen bei Verletzung des Datenschutzes und der Vertraulichkeit, Steuerstrafen bei Nachversteuerung und der gleichzeitigen Annahme von Steuerhinterziehung.

In einer Studie vom Ponemon Institut lag der Prozentsatz abgewanderter Kunden nach einer Datenpanne im Gegensatz zu einem Vergleichszeitraum um 3,24% höher (Ponemon 2009, S. 16).

Zur Bemessung von Schäden aus der Verletzung der Vertraulichkeit

Zuvor wurden mögliche Schäden aus Leckagen vorgestellt. An diese qualitative Beschreibung der Konsequenzen schließt sich die Frage nach der quantitativen Bemessung der Schäden aus Leckagen an.

Ob eine Leckage auch zu einem Schaden führt, ist vom Zufall, von der Kompetenz und der Schädigungsabsicht des Rezipienten der – vertraulichen - Informationen abhängig. Bereits in Kapitel 2.1 wurde ausgeführt, dass Leckagen nur dann zu einem Schaden führen können, wenn...

- die „abfliesenden" Informationen generell oder zumindest ggü. ausgewählten Interessengruppen vertraulich sind, also diskret blieben müssen.
- die Rezipienten die erhaltenen Informationen verstehen und interpretieren können,
- die Rezipienten die Informationen direkt gegen das Unternehmen verwenden oder an Dritte weitergeben (die diese gegen das Unternehmen verwenden können),
- die Rezipienten zudem gewollt sind, bewusst dem Unternehmen Schaden zuzufügen oder zumindest dies billigend in Kauf zu nehmen.

Es erscheint nahezu unmöglich, zu bestimmen, mit welcher Wahrscheinlichkeit die Informationen zu einer Person gelangen, die diese versteht, interpretiert und auch gegen das Unternehmen bewusst oder aus Nachlässigkeit nutzt. Das sollen folgende Beispiele illustrieren:

- Ist ein Handygespräch oder ein persönliches Gespräch in einem Restaurant mitzuhören, in dem vorwiegend fremdsprachige Touristen verkehren, so dürfte es wenig wahrscheinlich sein, dass die Information von Letzteren überhaupt verstanden oder gar genutzt werden.
- Selbst in einem Reisezug wäre es ein großer Zufall, wenn sich just ein Mitarbeiter eines Wettbewerbers zur gleichen Zeit am gleich Ort befindet, so dass er ein vertrauliches Telefonat mithören kann.
- Anders stellt sich die Situation dar, wenn im Reisezug zu einer Fachmesse telefoniert wird. Hier erscheint die Wahrscheinlichkeit hoch, dass Fachkollegen und Fachjournalisten in der Nähe sitzen.

- Desgleichen kann in der Kantine eines Technologieparks mit Unternehmen aus der gleichen Branche vorkommen.

Der Rezipient, der die Informationen zufällig erlangt, muss die Informationen gegen das Unternehmen nicht nutzen können sondern auch wollen. Selbst wenn die Informationen ihn interessieren mögen, so mag es Personen geben, die aus der Leckage „kein Kapital schlagen" wollen. Allerdings kann – wie in 3.1 beschrieben - der Rezipient an die Informationen nicht nur zufällig, sondern gezielt gelangen:

- Die Wahrscheinlichkeit, dass Leckagen zu Schäden führen, ist dann besonders hoch, wenn durch Observation oder mit technischen Hilfsmitteln die Gespräche abgehört oder Internetverbindungen ausgelesen werden.

Aber auch dann kann nicht jede Information genutzt werden: So kann die Weitergabe der vertraulichen Information bereits zu spät erfolgen (z. B. bei Börsengeschäften) oder die Informationen nicht so vollständig sein, als dass der Rezipient mit diesen etwas anfangen könnte (z. B. Zahlen zur Preiskalkulation).

Eine Leckage führt also nicht zwangläufig zu einem Schaden, die Wahrscheinlichkeit, dass es zum Schaden kommt ist im Vorhinein kaum oder nicht bestimmbar. Ebenso ist es nicht einfach, den Schaden in seiner Höhe zu bestimmen – wenn er eintritt. Die Aufstellung im Abschnitt zuvor kann also nur einen Hinweis geben, welche Schänden auftreten können, ihre Bemessung ist gleichwohl schwierig und nur im Einzelfall bestimmbar.

Als Konsequenz muss angestrebt werden, jegliche Leckagen in der mobilen Kommunikation und damit jeglichen, ungewollten[3] Verlust von Informationen zu vermeiden. Die Frage des tatsächlich eintretenden Schadens (in Eintrittswahrscheinlichkeit und Umfang) bleibt dabei für dieses Ziel unerheblich, wie auch die Frage, wer die „Dritten" sind, die die Informationen erhalten.

Konsequenz: Schutzmaßnahmen

Jenseits der deskriptiven Sicht auf die Konsequenzen (Art und Bewertung der Schäden) ergibt sich aus der Kenntnis der Leckagen nun auch die Frage nach dem Schutz vor den Leckagen bzw. dem Schutz der Vertraulichkeit.

---

[3] In der vorliegenden Schrift wird der Fall des gewollten Verlustes von Informationen, die „gezielte Indiskretion" nicht weiter behandelt.

Bereits im Kapitel zuvor wurden aus der Literatur und weitergehender Überlegung stammend Schutzmaßnahmen genannt. Die folgende Zusammenstellung ist eine weitgehende Wiederholung aus Kapitel 2.3:

- *Einsatz von Software*: Hierzu gehören neben Zugangsschranken und (aufwändiger) Identity Management Software auch Verschlüsselung von auf den mobilen Geräten befindlichen Informationen, Verschlüsselung und Tunnelung der Übertragung der Informationen (Daten, Sprache) Firewalls und Schutzsoftware gegen Hackerangriffe sowie Software zur Identifizierung und Beseitigung von Viren und Trojanern. Letztendlich gehört hierzu auch der häufig genutzte Bildschirmschoner sowie Software zum Sperren des versehentlichen Zugangs zu ungeschützten oder zu Phishing-Seiten im Internet.
- *„Mechanische" und „bauliche" Maßnahmen:* Hier handelt es sich um jegliche Maßnahmen, die geeignet sind auf mechanischem Wege, mobile Geräte zu schützen und Leckagen zu vermeiden. Hierzu gehören u. a. Sichtschutzen(folien) auf dem Laptopbildschirm (gegen Shoulder Surfing), Laptopketten gegen Diebstahl, verschlossene Handy-Etuis oder auch – wenn doch ungewöhnlich – der schallgeschlossene Raum nur für Handytelefonate (eine neue Nutzung der früheren Telefonzelle). Ebenso Schall und Sichtschutz in Tagungsräumen.
- *Richtlinien* sollen den Mitarbeitern verbindliche Verhaltensvorgaben geben, die Leckagen vermeiden sollen, so z. B. wo und wie (laut) im öffentlichen Raum telefoniert oder gesprochen werden soll oder wie der Verlust von mobilen Geräten verhindert werden kann. Weiter sind auch Vorgaben zum Umgang mit Internet und SMS, Fax sowie Postversand darunter zu subsumieren. Ebenso das Verbot der Mischnutzung der Geräte im Privaten und Beruflichen, also z. B. keine Überlassung an die Kinder.
- *Mitarbeiterschulung und Workshops*: Hierunter sind alle Veranstaltungen zu subsumieren, die die Mitarbeiter für den Schutz der Vertraulichkeit sensibilisieren und anleiten (z. B. in die Schutzsoftware oder Richtlinien).

Das Einsetzen eines Verantwortlichen für den Schutz der Vertraulichkeit in der mobilen Kommunikation (Sicherheitsbeauftragter) kann hier nur als begleitende Maßnahme zu den zuvor genannten angesehen werden, da dieser die Maßnahmen anstoßen, planen und ggf. sogar umsetzen sowie deren Einhaltung kontrollieren muss. Solche Aufgaben wird ein Verantwortlicher allerdings in kleinen und mittleren Unternehmen wahrscheinlich nur als Teil auch anderer Datenschutz- und Sicherungsaufgaben bearbeiten.

Um diese Schutzmaßnahmen im Unternehmen einzusetzen, bedarf es zum einen ihrer Kenntnis und zum anderen dem Wissen, welche Maßnahme für welche Leckage geeignet ist. Daher wird das spätere Kapitel 5 dazu dienen, in dem die einzelnen Schutzmaßnahmen den Leckagen zugeordnet werden und somit die Ergebnisse der Ausführungen bis hierher zusammenführen.

Zuvor jedoch wird in Kapitel 4.3 bei Unternehmen erfragt, welche Maßnahmen sie bereits einsetzen, welche einsetzen wollen und wie sie diese Maßnahmen grundsätzlich bewerten. Im Lichte dieser Ergebnisse werden die Vorschläge in Kapitel 5 stehen.

In der Literatur wird wiederholt darauf hingewiesen, dass derzeit nur wenige deutsche Unternehmen über ein umfassendes Sicherheitskonzept in der mobilen Kommunikation verfügen (Buschmann 2007, S. 8), daher wird Kapitel 5 über die o. g. Aufstellung hinaus auch ein übergeordnetes „Mobil Security Management" vorstellen.

3.3 Exkurs: Bedrohung und Bedeutung für die Unternehmen

In Kapitel 3.2 wurde ausgeführt, dass Schäden aus Leckagen in der mobilen Kommunikation nicht nur sehr vielfältig sind (Image- und Vertrauensverlust, Umsatz- und Gewinneinbussen, zusätzliche Kosten für Schutz und Rehabilitierung, Regressansprüche und ggf. Strafen) sondern auch in ihrem Umfang das Unternehmen ernsthaft bedrohen können. So berichtet Kölmel, dass es bereits in einigen deutschen Unternehmen zur Insolvenz infolge schwerwiegender Verletzungen des Datenschutzes gekommen sei (Kölmel 2007, S. 22). Zudem haftet bei der GmbH ggf. auch die Geschäftsführung bei Schadensersatzansprüchen (BSI 2010b, S.8). In Großbritannien drohen den Unternehmen bei groben Verstößen gegen das dortige Datenschutzgesetz sogar Geldstrafen bis zu 500.000 Pfund (Cordial 2010, S. 42).

In Kapitel zuvor wurde aber auch ausgeführt, dass die Eintrittswahrscheinlichkeit und Umfang eines Schadens nur im Nachhinein und nicht im Vorhinein und allgemeingültig für Leckagen bemessenen werden kann, was im Wesentlichen den zufälligen Bedingungen der Leckagefalls im Unternehmen geschuldet ist.

Dies erscheint unbefriedigend, möchte man doch die verschiedenen Leckagen in ihrer Bedrohung (= Wahrscheinlichkeit und Umfang des Schadens) und damit in ihrer generellen Bedeutung[4] für die Unternehmen einschätzen und vergleichen.

Allerdings bietet sich als Ausweg die empirische Erhebung in Unternehmen an, und damit der Zugriff auf die Erfahrungen und Einschätzungen der Mitarbeiter. Dies bedeutet, dass Eintrittswahrscheinlichkeit eines Schadens und der zu erwartende Schaden im Eintrittsfalle – also die Bedrohung und damit die Bedeutung der Leckage für die Unternehmen – nicht von der normativen Seite, sondern empirisch bestimmt wird.

Dieser Weg wird in Kapitel 4.4 mit der zweiten Unternehmensbefragung beschritten. Hier soll diese Befragung theoretisch vorbereitet werden, in dem die Größen „Bedrohung“ und damit „Bedeutung“ operationalisiert werden.

Dazu erscheint es – in Analogie zu den Risikobewertungsmodellen und den aus der Literatur bekannten und bewährten Technologie-Portfolio-Modellen – sinnvoll, die Bedrohung bzw. die Bedeutung der Leckagen für die Unternehmen auf die zwei Variablen...

- „Eintrittsrisiko (Wahrscheinlichkeit) des Auftretens eines Schadens aus der Leckage“ und
- „Ausmaß des Schadens für das Unternehmen im Eintrittsfalle“

zurückzuführen. So ergeben beide Variablen u. E. einen validen Indikator für die Summe der zu erwartenden Schäden durch Leckagen mobiler Kommunikation im Unternehmen. In der späteren Befragung werden diese beiden Variablen anhand von Ratingskalen operationalisiert: Für das Eintrittsrisiko wird eine Skala von Stufe 0 (= Risiko faktisch nicht gegeben, „nicht zu erwarten“) bis hin zu Stufe 4 (= Eintritt faktisch wahrscheinlich (100%), „nicht zu verhindern“) gewählt. Die Variable „Schaden“ wird mit einem Rating von Stufe 0 (= unerheblicher / kleiner Schaden) bis Stufe 4 (= sehr großer Schaden, unternehmensgefährdend) operationalisiert (siehe dazu auch die spätere Untersuchung in Kapitel 4.4).

---

[4] Mit der Bedrohung geht proportional die Bedeutung der Leckage für die Unternehmen einher. Je größer die Bedrohung, desto größer ist auch die Bedeutung, die die Leckage für das Unternehmen hat bzw. haben muss. Die beiden o. g. Variablen sind also Indikatoren für beide Begriffe. Aus pragmatischen Gründen soll daher im Folgenden undifferenziert nur noch von „Bedeutung“ gesprochen werden.

Je größer das Eintrittsrisiko und je größer der Schaden bei Eintritt eines Verlustfalles, desto größer ist zunächst die Bedrohung und damit die Bedeutung der Leckage für das Unternehmen. Dies kann wie folgt in einem Diagramm, vergleichbar den bekannten Portfoliodarstellungen, visualisiert werden (siehe nebenstehende Abbildung 3.1).

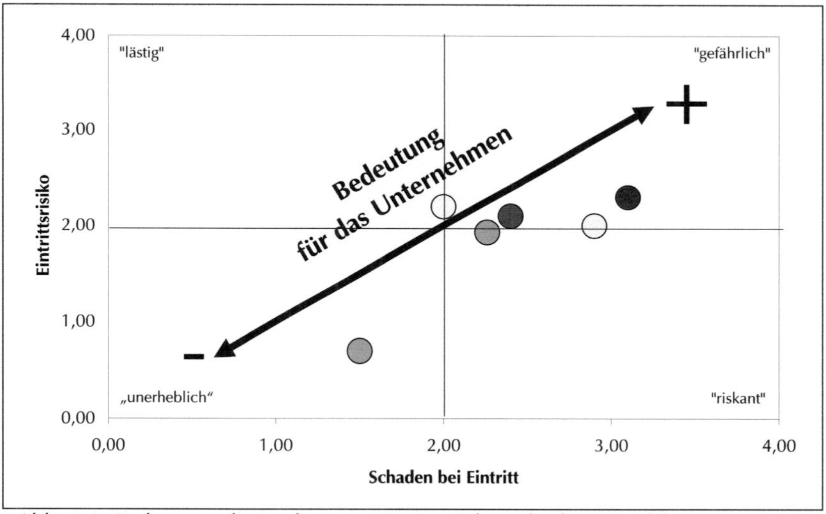

Abb. 3.1: Bedeutung der Leckagen: „Eintrittsrisiko-Schadens-Portfolio“

Auf diese Weise kann einfach und nachvollziehbar dargestellt werden, wie die Bedrohung und damit die Bedeutung einer Leckage für die Unternehmen zu bewerten ist. Im obigen Diagramm sind hierzu Beispiele als Punkte / Kreise eingetragen.

Die Diagramme können je nach Teilgruppe unter den Befragten (z. B. nach Größenklassen oder Branchen / Sektoren) differenziert werden (dies geschieht auch in der späteren Erhebung in Kapitel 4.4). Sie können darin z. B. die Mittelwerte der Ratings zu den beiden Variablen „(Eintritts-)Risiko“ und „Schaden bei Eintritt“ von Handwerks-, Industrie- und Handelsbetrieben sowie Freiberuflern – jeweils zu einer Leckage gegenübergestellt werden.

Die Position, die sich aus der Kombination der beiden Werte im Diagramm ergibt, lässt folgende grobe Bewertung bzw. Einordnung zu:

- „Gefährlich“: Rechts oben im Diagramm befinden sich Leckagen, die sowohl hohes Eintrittsrisiko für einen Schaden wie auch großen Schaden im Falle eines Eintritts aufweisen. Solche Leckagen stellen eine besonders große Bedrohung und somit auch Bedeutung für die Unternehmen dar.

- „Unerheblich“: Links unten im Diagramm befinden sich Leckagen, die sowohl geringes Eintrittsrisiko für einen Schaden wie auch geringen Schaden im Falle des Eintritts aufweisen. Solche Leckagen stellen nur eine geringe Bedrohung und somit auch Bedeutung für die Unternehmen dar.
- „Lästig“ und „riskant“: Die Bedeutung derjenigen Leckagen, die sich in den Quadranten links oben und rechts unten wieder finden, wird nur von einer der beiden Variablen (Eintrittsrisiko für Schäden oder Schaden) angetrieben. Entweder entsteht die Bedrohung durch das hohe Eintrittsrisiko bei vergleichsweise geringem Schaden pro Fall: Die Zahl der zu erwartenden Fälle macht die Bedrohung aus. Oder es sind zwar recht unwahrscheinliche, aber bei Eintritt mit erheblichen Konsequenzen verbundene, seltene Fälle, die die Bedrohung ausmachen.

Jenseits der „Portfoliodarstellung“ erscheint es sinnvoll, aus den beiden Variablen einen gemeinsamen, singulären Indikator für die Bedeutung abzuleiten. So kann entlang eines einzelnen Maßstabes eine Rangfolge der am meisten und der am wenigsten bedrohlichen und damit bedeutenden Leckagen für die Unternehmen aufgestellt werden.

Als Maßstab bieten sich – in Anlehnung an die clusteranalytischen Proximitätsmaße – die einfache Addition der o. g. Mittelwerte (City-Block-Distanz) oder die Länge der Strecke vom Nullpunkt bis zu der, sich aus den Mittelwerten ergebenden, Position im Diagramm an (Quadratwurzel aus den Quadratsummen, euklidische Distanz):

- Wert per einfacher Addition $= \overline{X} + \overline{Y}$ (mit $\overline{X}$ = Mittelwert Variable (Eintritts-)Risiko, $\overline{Y}$ = Mittelwert Variable Schaden bei Eintritt)
- Wert per euklidischer Distanz $= \sqrt{\overline{X}^2 + \overline{Y}^2}$ (mit $\overline{X}$ = Mittelwert Variable (Eintritts-)Risiko, $\overline{Y}$ = Mittelwert Variable Schaden bei Eintritt)

Beide Berechungen gehen implizit von der Annahme aus, dass beide Variablen inhaltlich wie mathematisch gleichgewichtig zur Bedeutung (auch Bedrohung) beitragen.

Da aber beide Variablen völlig unterschiedliche Sachverhalte abbilden, ist eine solche Annahme zwar problematisch. Gleichwohl erscheinen beide Maße für eine Bewertung der Bedeutung der Leckage für die Unternehmen geeignet, da sie für sich je eine stetige Funktion als Maß der Bedeutung abbilden. Dabei betont die euklidische Berechnung die Bedeutung bei Leckagen mit symmetrischen Mittelwertpaaren.

Der Vergleich der beiden Maße muss sich daher auf den Vergleich der Rangfolgen der sich ergebenden Werte für die Leckagen beschränken. Dies aber ist hinreichend, um eine Rangfolge der Bedrohung der Unternehmen durch die Leckagen zu erstellen. Dies wird so in der späteren Untersuchung in Kapitel 4.4 erfolgen.

4 Empirische Untersuchungen

4.1 Untersuchungen und deren Zielsetzungen

Das hier dokumentierte Forschungsprojekt wurde von vier empirischen Erhebungen begleitet, die mit folgenden Erkenntniszielen verknüpft wurden:

- Expertenbefragung zu Gefahren und Sicherheitsbewusstsein in der mobilen Kommunikation sowie den Ursachen für diese.
- Unternehmensbefragung (I) zum Umgang mit vertraulichen Informationen in den Unternehmen sowie mit Maßnahmen zu deren Schutz und Widerständen gegen diese.
- Unternehmensbefragung (II) zur Bedeutung der Leckagen der mobilen Kommunikation in den Unternehmen.
- Experiment im öffentlichen Raum, in dem in öffentlichen Transportmitteln und Warteräumen stichprobenartig aufgezeichnet wurde, welche Informationen von Geschäftsleuten der Betrachter erhalten kann.

4.2 Expertenbefragung

Design und Durchführung

Die Interviews wurden mit 8 Experten durchgeführt, die zur mobilen Kommunikation über umfangreiches Fachwissen verfügen. Die Interviews, wurden telefonisch durchgeführt und dauerten 10-20 Minuten. Sie wurden anhand eines Leitfadens mit folgenden vier Fragen geführt:

- „Wie ist es um das Sicherheitsbewusstsein in der mobilen Kommunikation im Mittelstand bestellt?",
- „Was sind die größten Gefahren in der mobilen Kommunikation?",
- „Welche Ursachen sind für die aktuelle Entwicklung verantwortlich?",
- „Welchen Stellenwert werden Unternehmen der Sicherheit in der mobilen Kommunikation in Zukunft einräumen?".

Ergebnisse

Die z. T. recht weichen und vielgliedrigen Antworten der Experten können wie folgt als Gesamtbild zusammengefasst werden – beachtenswerte Widersprüche zwischen den Experten gab es nicht:

Die Experten waren sich einig, dass der deutsche Mittelstand die IT-Sicherheit in der mobilen Kommunikation seit Jahren als Luxusproblem betrachtet. Dem Mittelstand sind die Risiken zwar zum Teil bekannt, dennoch sehen sie es nicht als notwendig an, in dem Bereich Investitionen zu tätigen. Als Ursache führen die Experten an, dass sich die Unternehmen nicht unmittelbar durch Wirtschaftsspionage bedroht sehen. Die Unternehmen halten es i. d. R. für unwahrscheinlich, Opfer von Wirtschaftsspionage zu werden.

Ferner bestätigen die Experten, dass die größte Gefahr in der mobilen Kommunikation durch fahrlässig handelnde Mitarbeiter entsteht. Denen ist eine komfortable Handhabung der Geräte wichtig, wodurch sie auf notwendige aber u. U. störende Sicherheitsfunktionen verzichten. Auf der technischen Seite sehen die Experten eine zunehmende Gefahr durch die verbreitete Anwendung von Smartphones. Die Anzahl der installierbaren Anwendungen steigt „rasant", allerdings machen sich die Mitarbeiter selten bis keine Gedanken über Sicherheitsrisiken.

Nach Meinung der Befragten ist in den kommenden Jahren keine Trendwende im Sicherheitsbewusstsein des Mittelstands zu erkennen. Daraus lässt sich schließen, dass Unternehmen der Sicherheit in der mobilen Kommunikation auch künftig keine größere Aufmerksamkeit schenken werden als zuvor. Kleine und mittlere Unternehmen können aber einen Großteil dazu beitragen, vertrauliche Informationen in ihrem Unternehmen besser zu schützen. Die Experten stimmten darüber überein, dass dies durch eine gezielte Mitarbeiterschulung erreicht werden kann.

Gerade für die kleinen und mittleren Untenehmen fordern die Experten ein einfaches, übergeordnetes Sicherheitsmanagement, auch für die mobile Kommunikation – Mobile Security Management. Allerdings bezweifelt man auch, dass Unternehmen oder Handwerksbetriebe sich die Mühe machen werden, hier planerisch zu arbeiten. Abschließend hoben 8 der 20 Experten explizit hervor, dass der Begriff der mobilen Kommunikation an dieser Stelle sehr weite gefasst werden sollte und unterstützten die Auslegung des begriff wie in Kapitel 2.2.

4.3 Unternehmensbefragung I

4.3.1 Design und Durchführung

Hintergrund und Ziel der Studie

Zu Ergänzung der theoretischen Überlegungen wurden neben der Expertenbefragung zwei weitere empirische Erhebungen – bei kleinen und mittleren Unternehmen – durchgeführt:

- Eine Befragung befasste sich mit dem Umgang mit vertraulichen Informationen in den Unternehmen sowie mit Maßnahmen zu deren Schutz und Widerständen gegen diese.
- In einer zweiten Befragung wurde ermittelt, welche Bedeutung den verschiedenen Leckagen in der mobilen Kommunikation in den Unternehmen beigemessen wird.

Die Ergebnisse der ersten Untersuchung werden im Folgenden dokumentiert. Dazu hatte die Erhebung drei Ziele:

- Den Umgang der Unternehmen mit vertraulichen Daten in der mobilen Kommunikation zu ermitteln: Erfahrungen, Schutzmaßnahmen, Bewusstsein bei Management und Mitarbeitern für das Thema, ggf. institutionelle Umsetzung (z. B. Sicherheitsbeauftragter).
- Unternehmensinterne Nutzung und Planung des Schutzes von vertraulichen Informationen in der mobilen Kommunikation zu erheben sowie Gründe zu ermitteln, warum Maßnahmen bisher noch nicht ergriffen wurden.
- Eine Bewertung von Maßnahmen zum Schutz von vertraulichen Informationen in der mobilen Kommunikation.

Design und Durchführung

Dazu wurden in einer Telefonbefragung im Juni 2010 bei 321 kleinen und mittleren deutschen Unternehmen folgende Fragen gestellt:

- Einleitend sollte angegeben werden, ob eine verantwortliche Person im Unternehmen zum Schutz von Unternehmensinformationen in der mobilen Kommunikation bestimmt ist.
- Weiter wurde gefragt, ob bereits mobile Datengeräte abhanden gekommen sind.

- Schließlich wurde gefragt, ob bereits vertrauliche Daten an externe Personen gelangt sind.

Anschließend wurde um eine Bewertung entlang eines 5-Stufen-Ratings von sehr gering bis sehr hoch bzw. sehr schlecht bis sehr gut gebeten:

- Es wurde gefragt, welche Bedeutung die Vertraulichkeit in der mobilen Kommunikation im Unternehmen besitzt.
- Wie hoch das Sicherheitsbewusstsein der Mitarbeiter im Umgang mit vertraulichen Daten ausgeprägt ist.
- Wie hoch das Risiko ist, dass vertrauliche Daten durch die Mitarbeiter abhanden kommen können.
- Wie hoch das Sicherheitsempfinden der befragten Unternehmen im Bezug auf den Verlust von vertraulichen Daten in der mobilen Kommunikation ist.

Mit gleichen Rating-Stufen wurde zudem nach der Bewertung der vier zentralen Maßnahmen gegen den Verlust von Informationen in der mobilen Kommunikation gefragt. Diese sind:

- Richtlinien
- Mitarbeiterschulung
- Einsatz von Software
- Datensicherung

Weiter wurde gefragt, ob o. g. Maßnahmen bereits im Unternehmen angewendet werden oder ob sie für die Zukunft geplant sind.

Abschließend wurde nach den Gründen gefragt, die die Unternehmen bislang daran hinderten, mehr für Vertraulichkeit in der mobilen Kommunikation zu sorgen.

Drei möglicherweise das Antwortverhalten beeinflussende Variablen wurden vorab erfasst:

- Sektor (Industrie, Handel, Handwerk, Dienstleistung, Freiberuf).
- Unternehmensgröße (nach Mitarbeiterzahl in Klassen von <10, 10-50, 51-100, 101-250, 251-500, >500).

- Ansprechpartner / Befragter: Geschäftsführer, Assistent der Geschäftsführung, Mitarbeiter in der Öffentlichkeitsarbeit oder Datenschutzbeauftragter.

Diese Daten wurden aus der Unternehmensdatendatei entnommen, die auch die Kontaktdaten lieferte.

Die Befragung wurde von mehreren geschulten Interviewern des Deutschen Instituts für kleine und mittlere Unternehmen durchgeführt. Es gab keinen signifikanten Einfluss des Interviewers auf das Ergebnis (varianzanalytisch geprüft).

Der Fragebogen sowie der Codierungsbogen für die Variablen finden sich im Anhang.

Die folgende Auswertung beschreibt zunächst deskriptiv das Sample entlang von Unternehmensgröße und Sektorenzugehörigkeit und gibt die Antworten zu den Fragen aus monovariater Analyse wieder. Anschließend werden einige bivariate Zusammenhänge aufgedeckt: Der Einfluss der Größe des Unternehmens und der Sektorenzugehörigkeit auf die erhobenen Variablen der Fragen 1 bis 11 des Fragebogens. Es konnte allerdings kein signifikanter Einfluss des Befragten (s. o.) auf das Antwortverhalten festgestellt werden.

4.3.2 Auswertung - Sample

Samplebeschreibung

Zur Beschreibung der Unternehmen wurden die Größe (nach Mitarbeiterzahl, 6 Klassen) und die Sektorenzugehörigkeit (Industrie, Handel, Handwerk, Dienstleistung, Freiberuf) festgestellt. Die Daten wurden nicht erfragt, sondern der Unternehmensadressdatei entnommen, die Grundlage für die Ansprache der Unternehmen war. Für die 321 Unternehmen ergab sich folgende Struktur, die von Industriebetrieben mittlerer Größe geprägt war (Abbildungen 4.3.1 und 4.3.2, Tabelle 4.3.1), das Sample wurde von Unternehmen mit 101 bis 250 Mitarbeitern dominiert.

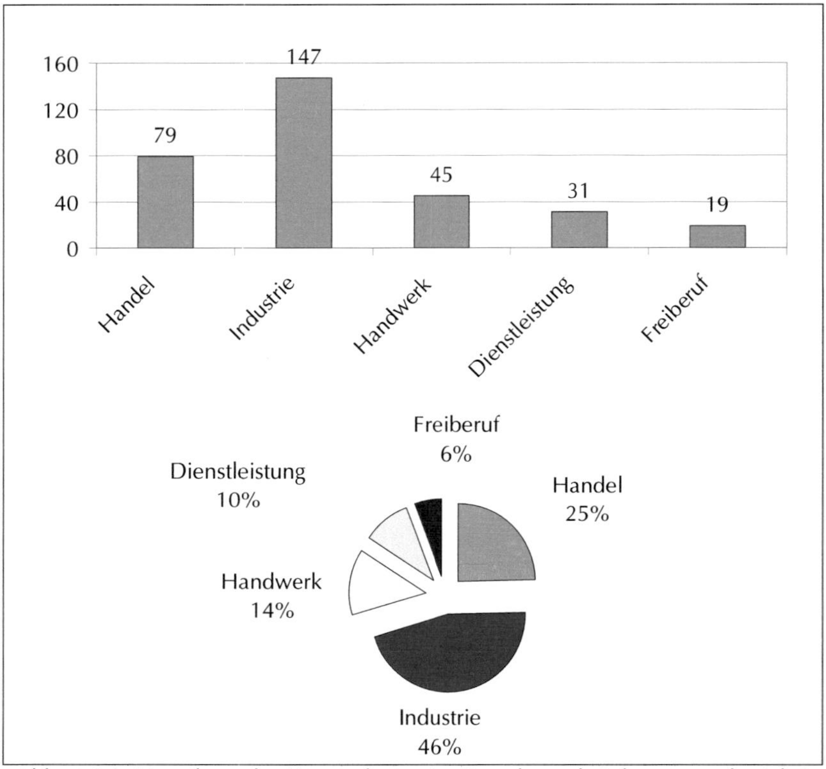

Abb. 4.3.1: Verteilung der Unternehmen im Sample nach Sektorenzugehörigkeit (abs. und rel. Häufigkeiten, n = 321, Rundungen ergeben über 100%)

Die durchschnittliche Größe der Unternehmen im Sample lag bei 159 Mitarbeitern. Erwartungsgemäß waren die Unternehmen aus dem Handwerk (67) und aus dem Freiberuf (9) kleine Unternehmen, die aus der Industrie stellten innerhalb des Samples die größeren Unternehmen dar (211), während Handelsbetriebe das Mittelfeld ausfüllten (158). Zudem wurden eher größere Dienstleistungsbetriebe befragt (140) (in Klammern die durchschnittliche Mitarbeiterzahl der Teilgruppe).

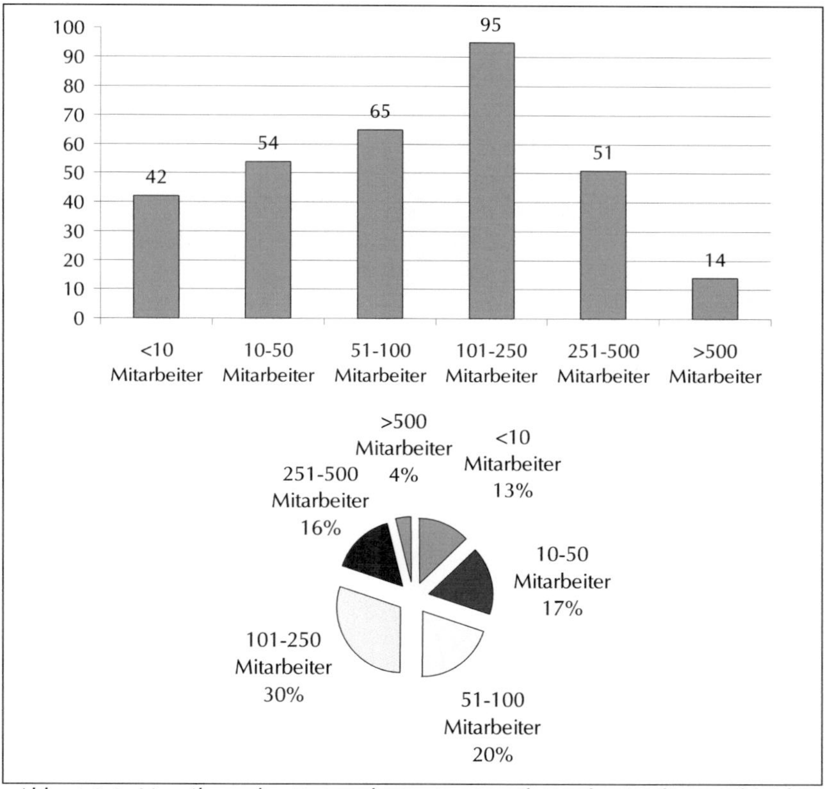

Abb. 4.3.2: Verteilung der Unternehmen im Sample nach Mitarbeiterzahl (abs. und rel. Häufigkeiten, n = 321, Klassen bezeichnen die Grenzen der Mitarbeiterzahl)

	Handel	**Industrie**	**Handwerk**	**Dienstleistung**	**Freiberuf**	**Summe**
<10	0	7	17	4	14	42
10-50	15	15	14	5	5	54
51-100	17	37	4	7	0	65
101-250	37	40	8	10	0	95
251-500	8	36	2	5	0	51
>500	2	12	0	0	0	14
Summe	79	147	45	31	19	321

Tab. 4.3.1: Kreuztabelle zur Verteilung der Unternehmen nach Größe / Mitarbeiterzahl und Sektorenzugehörigkeit (abs. Häufigkeit, n=321)

Die Befragten im Unternehmen

Es wurde weiterhin die Position des Befragten im Unternehmen erfasst. Dabei wurde zwischen Geschäftsführern, Assistenten der Geschäftsführung, Mitarbeitern der Öffentlichkeitsarbeit und Datenschutzbeauftragten unterschieden (Abb. 4.3.3). Erwartungsgemäß waren Geschäftsführer die häufigsten Ansprechpartner.

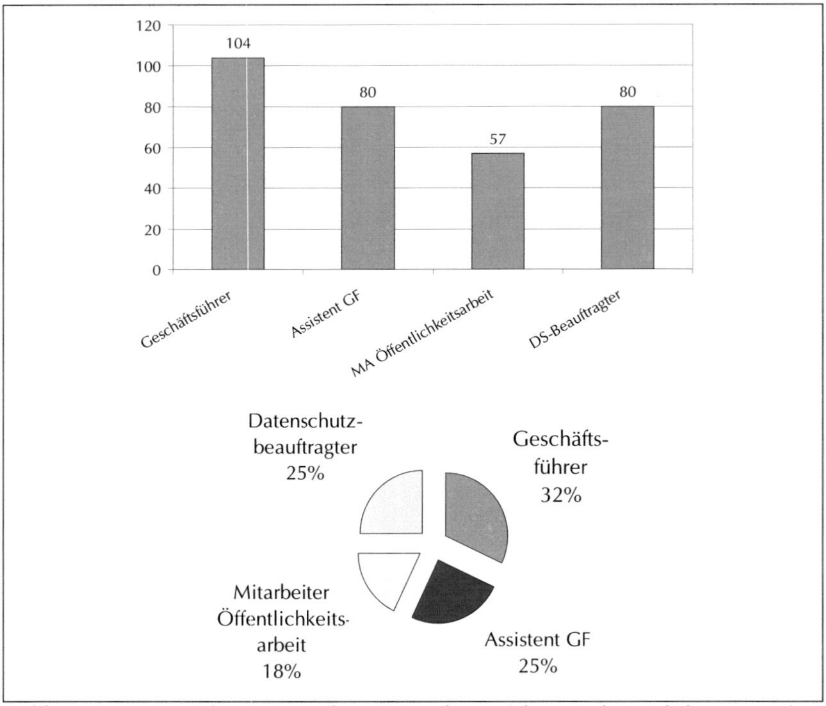

Abb. 4.3.3: Ansprechpartner in den Unternehmen (abs. u. rel. Häufigkeit, n =32)

4.3.3 Umgang mit vertraulichen Informationen

Betriebliche Institutionalisierung des Schutzes in der Kommunikation

Es wurde gefragt, ob das Unternehmen über einen Verantwortlichen zum Schutz von (mobilen) Unternehmensinformationen verfügt. Je fast die Hälfte der Unternehmen verfügt über einen Verantwortlichen für den Schutz von Unternehmensinformationen bzw. verfügt nicht darüber. Nur 5% der Befragten konnte dazu keine Angaben machen. Im Lichte einer durchschnittlichen Mitarbeiterzahl von 159 erscheint der Anteil der Unternehmen mit einem solchen Verantwortlichen groß.

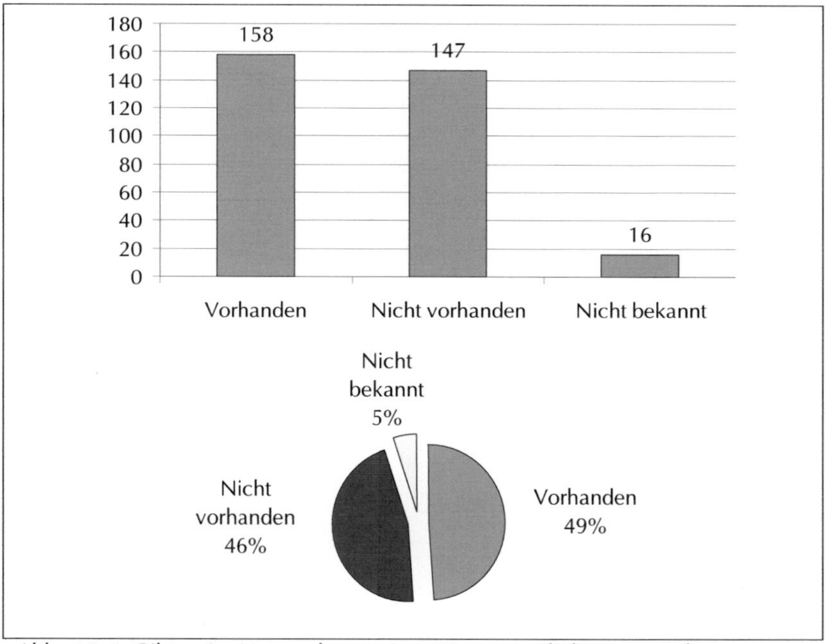

Abb. 4.3.4: Gibt es im Unternehmen einen Verantwortlichen zum Schutz von vertraulichen Daten? (abs. u. rel. Häufigkeit, n =321)

Allerdings bleibt durch die Frage offen, welche Form von Verantwortlichem sich hinter der Auskunft verbirgt. Ein Verantwortlicher kann ein Mitarbeiter sein, der diese Funktion nur am Rande ausfüllt oder aber eine extra hierfür definierte Position besetzt. Darunter leidet die Aussagekraft des Ergebnisses.

Verlust von mobilen Kommunikationsgeräten

Es wurde gefragt, ob bereits unternehmenseigene oder für das Unternehmen genutzte mobile Geräte, z. B. Handys abhanden gekommen sind. Die Unternehmen waren in etwa gleich großer Anzahl von einem Verlust eines mobilen Geräts betroffen bzw. sind bisher davon verschont geblieben. Jeweils ein Drittel der Unternehmen machte diese Angaben (siehe Abb. 4.3.5).

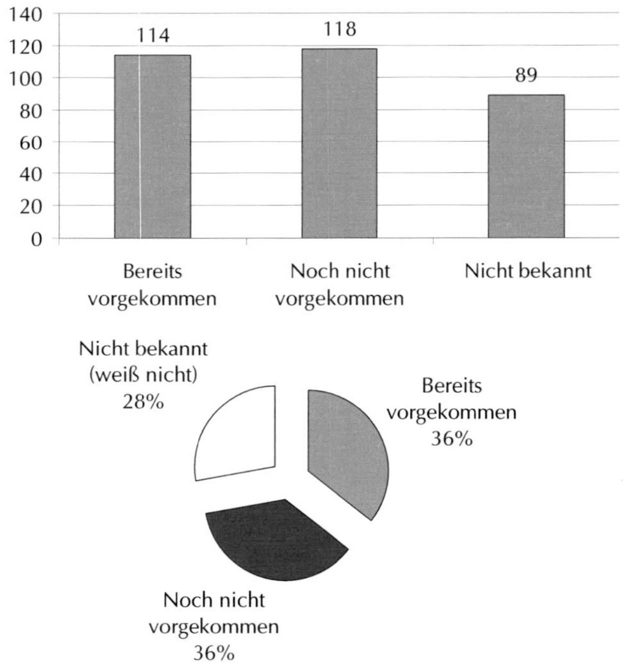

Abb. 4.3.5: Sind bereits mobile Geräte, z. B. Handys abhanden gekommen? (abs. u. rel. Häufigkeit, n =321)

Auffallend ist auch die große Zahl von Befragten, die keine Angaben machen konnten. Dieses Unwissen deutet darauf hin, dass der Verlust eines mobilen Geräts in den Unternehmen nur von geringer Beachtung oder Bedeutung ist – und damit auch die Gefahren, die mit dem Verlust von vertraulichen Daten einhergehen.

Verlust vertraulicher Informationen an externe Personen

Daher wurde anschließend gefragt, ob in Folge des Verlustes auch vertrauliche Informationen an externe Personen gelangt sind. Über die Hälfte der Befragten gab zu dieser Frage an, dass noch kein Verlust an externe Personen vorgekommen ist. In weniger als einem Sechstel der Fälle wurde ein solcher Verlust durch die Befragten gemeldet. Das Ergebnis zeigt die folgende Abbildung:

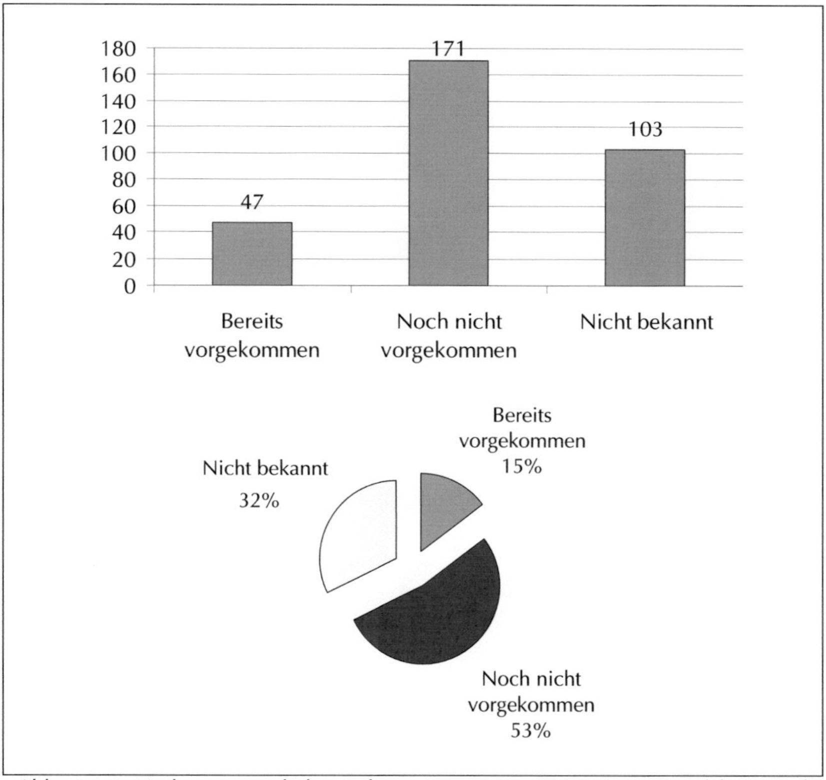

Abb. 4.3.6: Verlust vertraulicher Informationen an externe Personen (abs. u. rel. Häufigkeit, n =321)

Die Befragten konnten über Verluste von Informationen nur dann glaubwürdig berichten, wenn es zuvor auch zu einem Verlust von mobilen Geräten kam. Alle anderen Befragten mussten diese Frage verneinen oder konnten keine Antwort geben. Die nebenstehende Kreuztabelle zeigt dies durch die Verbindung der beiden Variablen:

Verlust von Informationen an externe Personen?	**Verlust von mobilen Geräten?** bereits vorgekommen	noch nicht vorgekommen	nicht bekannt	Summen
bereits vorgekommen	47	0	0	47
noch nicht vorgekommen	39	100	32	171
nicht bekannt	28	18	57	103
Summen	114	118	89	321

Tab. 4.3.2: Kreuztabelle zur Verbindung der Antworten zum Verlust von Geräten und von Informationen an Externe (abs. Häufigkeiten, n=321)

- In den 114 Unternehmen, in denen betriebseigene Geräte abhanden gekommen sind, hatte dies bei 47 Unternehmen (41%) zur Folge, dass Informationen an Externe gelangten.
- In den Fällen, in denen kein mobiles Gerät abhanden gekommen ist oder die Befragten dies nicht wussten, konnte selbstverständlich auch kein Informationsverlust benannt werden.
- Auffällig ist der hohe Anteil der Befragten, die über einen Verlust von vertraulichen Informationen an externe Personen im Unternehmen keine Kenntnis besitzt (32%).

In summa geben die Ergebnisse der drei ausgewerteten Fragen nur eine grobe Vorstellung über den Umgang mit vertraulichen Daten in der mobilen Kommunikation in den Unternehmen. Sie sollen Auskunft darüber geben, ob die Unternehmen für das Thema Vertraulichkeit in der mobilen Kommunikation sensibilisiert sind. Allerdings legen die Ergebnisse den Eindruck geringer Sensibilisierung nahe.

4.3.4 Einschätzung von Gefahren und Bewusstsein

In einem weiteren Frageblock wurde von den Befragten verlangt, die Bedeutung der Vertraulichkeit in der mobilen Kommunikation beim Management und bei den Mitarbeitern einzuschätzen. Desgleichen wurde um eine Wertung über das Risiko, dass vertrauliche Informationen im Unternehmen abhanden kommen können, gebeten, wie auch zum Schutz des Unternehmens vor Verlust (siehe Fragebogen im Anhang, Fragen 4 bis 7).

- „Stellenwert der Vertraulichkeit im Unternehmen": Welche Bedeutung misst man der Vertraulichkeit in der mobilen Kommunikation in Ihrem Unternehmen bei?
- „Sicherheitsbewusstsein der Mitarbeiter": Wie hoch schätzen Sie das Sicherheitsbewusstsein Ihrer Mitarbeiter im Umgang mit sensiblen Daten ein?
- „Risiko des Informationsverlustes durch Mitarbeiter": Wie hoch bewerten Sie das Risiko, dass vertrauliche Daten durch die eigenen Mitarbeiter abhanden kommen können?
- „Schutz des Unternehmens vor Informationsverlust": Wie gut schätzen Sie, ist Ihr Unternehmen vor dem Verlust oder dem Diebstahl vertraulicher mobiler Informationen geschützt?

Für die Einschätzung stand den Befragten eine Rating-Skala von 1 (= sehr hoch / gut) bis 5 (= sehr gering / schlecht) zur Verfügung (siehe Kodierungsbogen im Anhang). Die Ergebnisse (als Mittelwerte der Ratings) sind in der unten stehenden Tabelle gezeigt. Eine ergänzende Aufstellung der Häufigkeitsverteilungen zu den Rating-Stufen / Ausprägungen zu den Items befindet sich im Anhang.

Item	**N**	**Mittelwert**	**Standardabweichung**
Stellenwert der Vertraulichkeit im Unternehmen	321	2,18	1,05
Sicherheitsbewusstsein der Mitarbeiter	321	2,84	1,11
Risiko des Informationsverlustes durch Mitarbeiter	321	3,13	1,11
Schutz des Unternehmens vor Informationsverlust	321	2,28	0,87

Tab. 4.3.3: Mittelwerte und Standardabweichung der Ratings zum Umgang mit vertraulichen Daten im Unternehmen

Die Ergebnisse für alle Unternehmen zeigen, dass...

- die Unternehmen der Vertraulichkeit in der mobilen Kommunikation einen „hohen" Stellenwert = große Bedeutung beimessen.
- das Sicherheitsbewusstsein der Mitarbeiter durch die Befragten im Durchschnitt weder hoch noch gering ist.
- das Risiko des Verlustes von vertraulichen Daten weder hoch noch gering bewertet wird.
- der Schutz des Unternehmens durch die Befragten im Mittel als gut angegeben wird.

Allerdings leidet die Aussagekraft der Ergebnisse darunter, dass die Antworten aller Unternehmen hier zusammengefasst wurden. Zum einen sind die Standardabweichungen mit über 1 recht groß, so dass eine breite Streuung der Antworten vorliegt. Zum anderen können die, sehr in der Mitte der Rating-Skala befindlichen, Mittelwerte die Unterschiede zwischen den Antworten aus den einzelnen Sektoren und den Gruppen unterschiedlicher Unternehmensgrößen verdecken – die Differenzen können sich darin ausgleichen. Eine bivariate Analyse des Einflusses von Unternehmensgröße und Sektorenzugehörigkeit wird im Folgenden mehr Erkenntnisse hervorbringen.

4.3.5 Maßnahmen gegen den Verlust von vertraulichen Daten in der mobilen Kommunikation

Einschätzung der Unternehmen zum Nutzen von Maßnahmen gegen den Verlust von vertraulichen Informationen

In einem weiteren Teil der Befragung sollten die Unternehmen ihre Bewertung zum Nutzen von vier zentralen Maßnahmen gegen den Verlust von vertraulichen Informationen in der mobilen Kommunikation abgeben (vgl. Fragebogen im Anhang): Der Einsatz von Richtlinien, Mitarbeiterschulungen, Software gegen Datenverlust und -diebstahl sowie die Datensicherung. Für ihre Einschätzung stand den Befragten eine Rating-Skala von 1 (= sehr hoch / gut) bis 5 (= sehr gering / schlecht) zur Verfügung (siehe Kodierungsbogen im Anhang). Die Ergebnisse (als Mittelwerte der Ratings) sind in der unten stehenden Tabelle gezeigt. Eine ergänzende Aufstellung der Häufigkeitsverteilungen zu den Rating-Stufen / Ausprägungen der Items befindet sich im Anhang.

Item	N	Mittelwert	Standardabweichung
Datensicherung	321	1,33	0,47
Software	321	1,54	0,66
Richtlinien	321	1,85	1,01
Mitarbeiterschulungen	321	2,17	1,08

Tab. 4.3.4: Mittelwerte und Standardabweichung der Ratings zu vier Gruppen von Maßnahmen gegen den Verlust von vertraulichen Daten im Unternehmen

Alle Maßnahmen werden von den Unternehmen im Mittel mit sehr gut oder gut bewertet. Datensicherung wird dabei – mit geringer Streuung der Antworten – als beste Maßnahme angesehen (Mittelwert 1,33, Standardabweichung 0,47). Der Nutzen der Mitarbeiterschulungen fällt dagegen zurück, wird im Mittel noch mit gut bewertet, allerdings auch mit einer großen Streuung (Standardabweichung > 1). Die Meinungen der Unternehmen hierzu gehen also deutlich auseinander. In der Rangfolge der Bewertung fällt auf, dass der Nutzen der Maßnahmen umso höher eingeschätzt wird, je geringer der Aufwand ist, die Maßnahme zu installieren bzw. umzusetzen.

Bestehender und geplanter Einsatz der Maßnahmen gegen den Verlust von vertraulichen Informationen

Der obigen Bewertung zum Nutzen schlossen sich zwei Fragen an, ob die o. g. Maßnahmen gegen den Verlust von vertraulichen Informationen im Unternehmen bereits genutzt werden und / oder ob diese geplant sind (vgl. Fragebogen im Anhang). Die Ergebnisse zeigen die Abbildungen 4.3.7 und 4.3.8. Die Häufigkeiten zum Einsatz der Maßnahmen korrespondieren mit den Bewertungen zur deren Nutzen in der Frage zuvor: Je einfach der Einsatz der Maßnahmen, um so häufiger ist sie auch in den Unternehmen zu finden und umso höher wird auch ihr Nutzen bemessen (s. o.):

- 87% der Unternehmen nutzen bereits die Datensicherung und werden dies weiterhin tun. Weitere 5% planen diese Maßnahme einzusetzen. Zusammen werden in Zukunft also ca. 91% der Unternehmen die Datensicherung gegen Verlust vertraulicher Informationen nutzen.
- Schützende Software setzen bereits 64% der Unternehmen ein, weitere 14% wollen in Zukunft diese einsetzen. In Summe sind dies in Zukunft also 78%.
- Während 46% der Untenehmen bereits Richtlinien vorgeben, wollen weitere 33% in Zukunft folgen (Summe 79%).

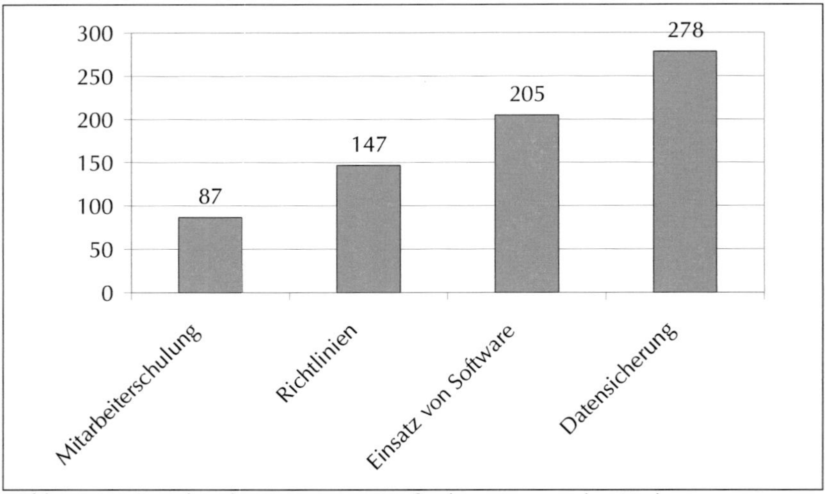

Abb. 4.3.7: Bestehender Einsatz von Maßnahmen gegen den Verlust von vertraulichen Informationen in der mobilen Kommunikation (abs. Häufigkeiten, Mehrfachnennungen möglich)

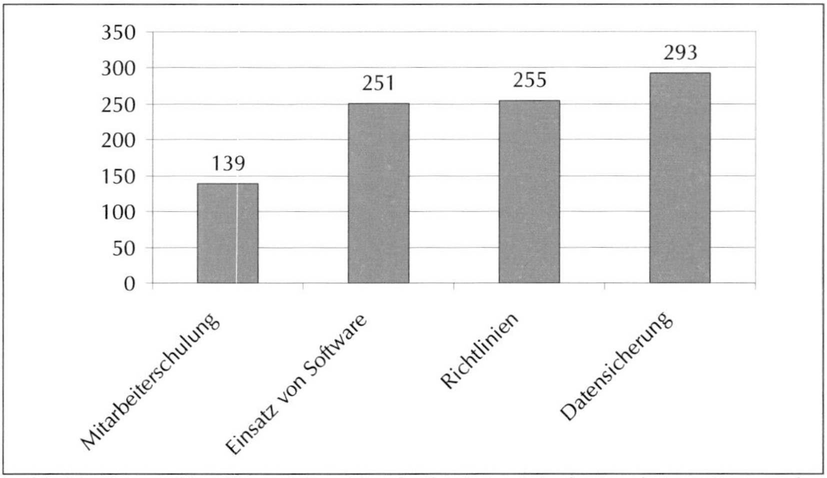

Abb. 4.3.8: Geplanter Einsatz von Maßnahmen gegen den Verlust von vertraulichen Informationen in der mobilen Kommunikation (abs. Häufigkeiten, Mehrfachnennungen möglich)

- Nur 27% der Unternehmen setzt bislang Mitarbeiterschulung ein, aber zusätzliche 16% der Unternehmen planen, auch diese Maßnahme zu ergreifen, was in Zukunft dazu führen wird, dass 43% aller Unternehmen Mitarbeiterschulungen zum Schutz vertraulicher Informationen in der mobilen Kommunikation einsetzen werden.

Ferner konnten die Unternehmen weitere Maßnahmen benennen, die sie für die Zukunft planen. 58 Unternehmen machten hierzu Angaben – die Antworten konnten auf zwei Maßnahmen zusammengeführt werden:

- 22 Unternehmen gaben an, Maßnahmen zur Sensibilisierung der Mitarbeiter zu ergreifen. Hierzu gehören Informationsveranstaltungen, Rundschreiben oder Aushänge.
- Weitere 36 Unternehmen wollen einmalig Workshops, ähnlich den Mitarbeiterschulungen, durchführen.

Bislang bevorzugen die Unternehmen technische Lösungen für einen verbesserten Schutz vertraulicher Informationen. Maßnahmen, die eine Verhaltensänderung der Mitarbeiter mit sich bringen sollen, werden sichtbar weniger eingesetzt.

Aber gerade das Fehlverhalten der Mitarbeiter ist häufig der Grund für den Verlust vertraulicher Daten (siehe dazu Kapitel 2). Der Vergleich der Häufigkeiten zu den bereits eingesetzten und den geplanten Maßnahmen zeigt, dass sich diese Erkenntnis bei den Unternehmen wohl weiter durchsetzt. 16% bzw. 33% der Unternehmen wollen erstmalig / zusätzlich die „verhaltensbezogenen" Maßnahmen in Zukunft einsetzen (Richtlinien 50 (33%), Mitarbeiterschulungen 52 (16%) der Unternehmen). Dies ist mehr, als bei den beiden technischen Maßnahmen (Datensicherung 15 (5%), Software 46 (14%) der Unternehmen). Zudem waren die 58 frei genannten Maßnahmen ausschließlich verhaltensbezogene (s. o.).

Besonders deutlich ist die Zunahme der Richtlinien (zusätzliche 33% der Unternehmen). Hier mag aber allein die Befragung den Unternehmen die Anregung gegeben haben, diese Maßnahmen zu ergreifen – zumal sie mitunter auch leicht umzusetzen wären.

Gründe, warum nicht mehr Maßnahmen gegen den Verlust von vertraulichen Informationen in der mobilen Kommunikation angewandt werden.

Ergänzend wurde nach Gründen gefragt, die die Unternehmen bislang daran gehindert haben, mehr Maßnahmen gegen den Verlust von vertraulichen Informationen in der mobilen Kommunikation im Unternehmen zu ergreifen (vgl. Fragbogen im Anhang). Die Antworten – als absolute Häufigkeiten (Mehrfachnennungen waren möglich) gibt die Abbildung 4.3.10 wieder.

Das fehlende Bewusstsein der Mitarbeiter wird als Hauptursache angesehen (27% der 346 Nennungen). Hingegen sehen die Befragten nur zu 10% das Management in der Pflicht, also sich selbst. Auch fehlendes Budget bzw. Ressourcen sind keine wesentlichen Hinderungsgründe (9% der Nennungen). Letzteres Ergebnis war u. E. nicht zu erwarten – insbesondere im Lichte dessen, dass immerhin 14% der Befragten technische Komplexität als Grund nannten. Letzteres dürfte i. d. R. auch nach mehr Ressourcen verlangen und Kosten verursachen. Das Ergebnis zum Management hingegen dürfte wohl auch auf mangelnde Selbstkritik der Befragten zurück zu führen sein.

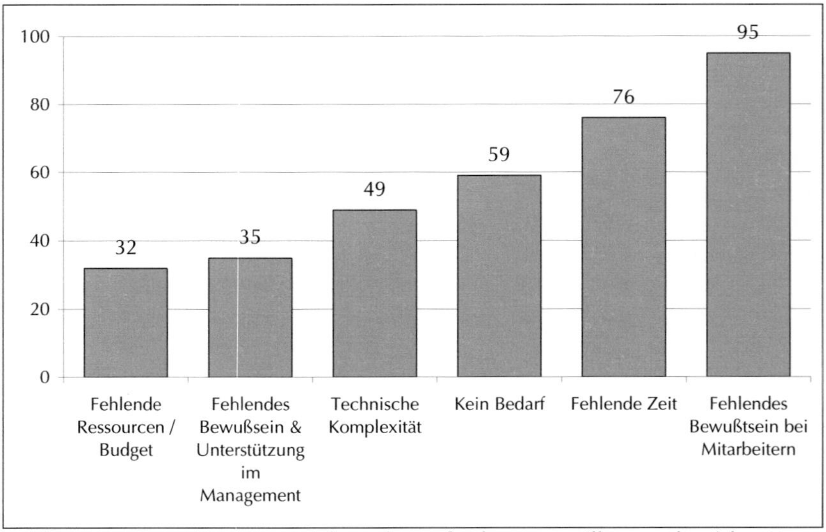

Abb. 4.3.9: Gründe, warum nicht mehr Maßnahmen ergriffen werden (abs. Häufigkeiten)

4.3.6 Einfluss der Unternehmensgröße

Der Einfluss von zwei Variablen auf das Antwortverhalten der Unternehmen soll im Folgenden untersucht werden: Unternehmensgröße / Mitarbeiterzahl und Sektorenzugehörigkeit. Zunächst soll der Einfluss der Variable Unternehmensgröße analysiert werden. Die Variable ist dabei über 6 Klassen der Mitarbeiterzahl operationalisiert (unter 10, 10 bis 50, 51 bis 100, 101 bis 250, 251 bis 500, über 500 Mitarbeiter).

Einfluss auf die Existenz eines Verantwortlichen (Frage 1 im Fragebogen)

Es zeigt sich ein signifikanter Zusammenhang zwischen der Größe des Unternehmens und der Existenz eines Verantwortlichen für den Schutz vertraulicher Informationen im Unternehmen (siehe dazu Frage 1 des Fragebogens im Anhang): Der (Inter-)Dependenz-Test beider Variablen ergab ein Chi-Quadrat von 85,1 bei 10 Freiheitsgraden (Quantil bei einem Signifikanzniveau von 5%) (siehe nebenstehende Tabelle).

		„Verantwortlicher für Vertraulichkeit“			
		Vorhanden	**Nicht vorhanden**	**Nicht bekannt**	**Summen**
Unternehmensgröße nach Mitarbeiterzahl	**< 10**	5 20,8	37 19,2	0 2,1	42
	10 - 50	23 26,8	31 24,7	0 2,7	54
	51 - 100	25 32,0	31 29,8	9 3,2	65
	101 - 250	60 46,8	33 43,5	2 4,7	95
	251 - 500	36 25,1	14 23,3	1 2,5	51
	> 500	9 6,9	1 6,4	4 0,7	14
	Summen	158	147	16	321

Tab. 4.3.5: Kreuztabellarischer Vergleich der Unternehmensgröße und der Existenz eines Verantwortlichen für den Schutz vertraulicher Daten in der mobilen Kommunikation (abs. Häufigkeiten, darunter erwartete Häufigkeiten, n=321)

Dies bestätigt der Blick in die einzelnen Werte in der Kreuztabelle. Der Anteil der Unternehmen mit einem Verantwortlichen steigt mit der Größe / Mitarbeiterzahl im Unternehmen:

- In nur 12 % der Unternehmen (abs. 5) mit weniger als 10 Mitarbeitern ist ein Verantwortlicher vorhanden. In 43% (abs. 23) der Unternehmen der Gruppe mit 10 bis 50 Mitarbeitern und in 38% (abs. 25) der Unternehmen mit 51 bis 100 Mitarbeitern ist dies der Fall.
- Hingegen ist in 63% (abs. 60) der Unternehmen mit 101 bis 250 Mitarbeitern ein Verantwortlicher bestimmt. In den Unternehmen mit 251 bis 500 Mitarbeitern sind es 67% (abs. 36). Dazu passt auch der entsprechend hohe Anteil in Unternehmen mit mehr als 500 Mitarbeitern (64%, bei abs. 14 Fällen).

Dieses Ergebnis überrascht nicht. Verfügen größere Unternehmen doch über mehr finanzielle und personelle Ressourcen, die zu der Einrichtung eines Beauftragten führen können. Von kleineren Unternehmen ist dies hingegen kaum zu leisten.

Einfluss auf den Verlust mobiler Geräte und den damit verbundenem Verlust von vertraulichen Informationen an Dritte (Fragen 2 und 3 im Fragebogen)

Hier konnte kein signifikanter Einfluss (5% Signifikanzniveau) festgestellt werden. Es wurde daher darauf verzichtet, hier die entsprechenden Kreuztabellen zu zeigen.

Einfluss auf die Einschätzung von Gefahren und Bewusstsein (Fragen 4 bis 7 im Fragebogen)

Der Vergleich der Mittelwerte ergab folgende Befunde (siehe dazu nebenstehende Tabellen 4.3.6, 4.3.7 und 4.3.8):

- Erwartungsgemäß nimmt die Bedeutung der Vertraulichkeit in der mobilen Kommunikation mit der Größe des Unternehmens zu. Von Mittelwerten zwischen „hoch“ und „weder/noch“ in kleinen Unternehmen (2,55 bei Unternehmen mit < 10 Mitarbeitern, 2,83 bei Unternehmen mit 10 bis 50 Mitarbeitern) bis hin zu Mittelwerten zwischen „sehr hoch“ und „hoch“ bei großen Mittelständlern (1,87 bei Unternehmen mit 250 bis 500 Mitarbeitern, 1,57 bei Unternehmen mit über 500 Mitarbeitern).
- Der gleiche Befund lässt sich aus den Mittelwerten zum Sicherheitsbewusstsein der Mitarbeiter ableiten: Je größer das Unternehmen, desto größer das geschätzte Bewusstsein der Mitarbeiter.

Unternehmensgröße nach Mitarbeiterzahl	**Bedeutung der Vertraulichkeit im Unternehmen (Frage 4)**		**Sicherheitsbewusstsein der Mitarbeiter (Frage 5)**	
	Mittelwerte	**Standardabweichung**	**Mittelwerte**	**Standardabweichung**
< 10	2,55	1,46	3,14	1,46
10 – 50	2,83	1,18	3,72	1,12
51 – 100	2,04	0,80	2,66	0,80
101 – 250	1,99	0,93	2,61	0,94
251 – 500	1,86	0,66	2,47	0,99
> 500	1,57	0,51	2,21	0,58
Alle Unternehmen	2,18	1,05	2,84	1,11

Tab. 4.3.6: Vergleich der Mittelwerte zu der Einschätzung von Gefahren in den Größenklassen (Erläuterungen siehe Text), Teil 1

Unternehmensgröße nach Mitarbeiterzahl	**Risiko für Verlust von Informationen (Frage 6)**		**Schutz vor Verlust von Informationen (Frage 7)**	
	Mittelwerte	**Standardabweichung**	**Mittelwerte**	**Standardabweichung**
< 10	3,40	1,38	2,67	0,93
10 - 50	3,45	1,06	2,76	1,03
51 - 100	2,86	0,83	2,25	0,56
101 - 250	3,06	1,11	2,16	0,80
251 - 500	3,12	1,16	1,96	0,80
> 500	2,71	0,91	1,42	0,51
Alle Unternehmen	3,13	1,11	2,28	0,87

Tab. 4.3.7: Vergleich der Mittelwerte zu der Einschätzung von Gefahren in den Größenklassen (Erläuterungen siehe Text), Teil 2

- Beide Befunde bestätigt auch die varianzanalytische Prüfung (Tabelle 4.3.8).
- Allerdings sind die Streuungen um den jeweiligen Mittelwert besonders bei den kleinen Unternehmen groß, was auch die Unstetigkeit der Mittelwert-Veränderung mit der Größe zwischen den beiden Gruppen mit den geringsten Mitarbeitern (unter 10 sowie 10 bis 50 Mitarbeiter) erklären kann. Die größeren Unternehmen antworteten offensichtlich homogener.
- Der o. g. Einfluss ist für die Variable „Risiko, dass im Unternehmen vertrauliche Informationen verloren gehen können" nur schwach zu erkennen. Im Lichte der durchweg großen Streuung der Antworten um die Mittelwerte ist ein Einfluss der Unternehmensgröße zweifelhaft, auch wenn

varianzanalytische Prüfung die Null-Hypothese der Unabhängigkeit zur Ablehnung führt ($F > F_{0,05\,(5;315)}$, siehe Tabelle 4.3.8).

- Eindeutig hingegen ist das Ergebnis zur Variable „Schutz, dass im Unternehmen vertrauliche Informationen verloren gehen können", mit gleichem Befund wie denen zu den Variablen „Bedeutung der Vertraulichkeit im Unternehmen" und „Bewusstsein der Mitarbeiter". Mit der Unternehmensgröße steigt auch die Einschätzung zum Schutz des Unternehmens vor Verlust vertraulicher Informationen. Das Ergebnis der varianzanalytischen Prüfung bestätigt einen Zusammenhang.

Variable	**F**	**$F_{0,05\,(5;315)}$**	**p**
Bedeutung der Vertraulichkeit im Unternehmen (Frage 4)	8,89	2,24	$6{,}48 \cdot 10^{-8}$
Sicherheitsbewusstsein der Mitarbeiter (Frage 5)	12,48	2,24	$4{,}63 \cdot 10^{-11}$
Risiko für Verlust von Informationen (Frage 6)	2,80	2,24	0,017
Schutz vor Verlust von Informationen (Frage 7)	10,80	2,24	$1{,}34 \cdot 10^{-9}$

Tab. 4.3.8: Kennwerte der Varianzanalyse zum Einfluss der Unternehmensgröße auf die Variablen zu den Fragen 4 bis 7 (F-Quantil mit FG = 6 und 321, F (6-1;321-6) bei Signifikanzniveau 5%)

Einfluss auf die Einschätzung von Maßnahmen gegen Verlust bzw. zum Schutz vertraulicher Informationen (Frage 8 im Fragebogen)

Der Vergleich der Mittelwerte ergab folgende Befunde (siehe dazu nebenstehende Tabellen 4.3.9 und 4.3.10):

- Die Bewertung der Maßnahmen „Richtlinien" und „Mitarbeiterschulungen" wird mit der Unternehmensgröße positiver. Lediglich die Unternehmen mit mehr als 500 Mitarbeitern fallen dabei heraus, was aber auch in der geringen Zahl Fälle begründet liegen mag. Der Befund wird auch durch die varianzanalytische Prüfung bestätigt (Tabelle 4.3.10).
- Allerdings ist ein großer Sprung von den sehr kleinen Unternehmen (mit unter 10 Mitarbeitern) zu den anderen Gruppen zu beobachten. Letztere sehen bei allen Maßnahmen einen höheren Nutzen bzw. beurteilen alle Maßnahmen im Mittel mit sehr gut bis gut, während die Einschätzung der kleinen Unternehmen (< 10 Mitarbeiter) für alle Maßnahmen negativer ausfällt (weder gut noch schlecht bis schlecht). Die o. g. kleinen Unternehmen sehen den Aufwand für die Maßnahmen generell für zu groß an.

- Ein Einfluss der Unternehmensgröße auf die Bewertung zur Maßnahme „Software“ muss ebenso in Frage gestellt werden. Auch hier liegen die Mittelwerte der anderen Gruppen auf etwa gleichem Niveau. Aus der Varianzanalyse heraus ist allerdings die Null-Hypothese (kein Zusammenhang) abzulehnen ($F > F_{0,05\,(5;315)}$, Tab. 4.3.10).
- Ein Einfluss der Unternehmensgröße auf die Bewertung der Maßnahme „Datensicherung“ kann nicht angenommen werden. Die Mittelwerte der Gruppen liegen auf etwa gleichem Niveau. Die Varianzanalyse lässt ebenso nicht zu, einen Zusammenhang anzunehmen ($F < F_{0,05\,(5;315)}$, Tabelle 4.3.10).

Unternehmensgröße nach Mitarbeiterzahl	Richtlinien		Mitarbeiterschulung	
	Mittelwerte	Standardabweichung	Mittelwerte	Standardabweichung
< 10	2,64	1,21	3,10	1,28
10 - 50	2,04	1,48	2,50	1,31
51 - 100	1,81	0,50	1,80	0,77
101 - 250	1,64	0,70	1,94	0,93
251 - 500	1,41	0,64	2,01	0,84
> 500	1,93	1,38	2,07	0,62
Alle Unternehmen	1,85	1,01	2,17	1,08
Unternehmensgröße nach Mitarbeiterzahl	**Software**		**Datensicherung**	
	Mittelwerte	**Standardabweichung**	**Mittelwerte**	**Standardabweichung**
< 10	2,00	1,08	1,33	0,48
10 - 50	1,48	0,57	1,33	0,48
51 - 100	1,52	0,50	1,45	0,50
101 - 250	1,42	0,50	1,35	0,48
251 - 500	1,49	0,64	1,20	0,40
> 500	1,50	0,52	1,29	0,47
Alle Unternehmen	1,54	0,66	1,33	0,47

Tab. 4.3.9: Vergleich der Mittelwerte zu der Einschätzung von Maßnahmen gegen Verlust / zum Schutz vertraulicher Informationen (Erläuterungen siehe Text)

Variable	F	$F_{0,05\,(5;315)}$	p
Richtlinien	9,45	2,24	$2{,}09 \cdot 10^{-8}$
Mitarbeiterschulung	11,29	2,24	$4{,}97 \cdot 10^{-10}$
Software	5,16	2,24	$1{,}43 \cdot 10^{-4}$
Datensicherung	1,66	2,24	0,15

Tab. 4.3.10: Kennwerte der Varianzanalyse zum Einfluss der Unternehmensgröße auf die Variablen zu Frage 8 (F-Quantil mit FG = 6 und 321, F (6-1;321-6) bei Signifikanzniveau 5%)

Einfluss auf bisherige und geplante Nutzung der Maßnahmen gegen Verlust bzw. zum Schutz vertraulicher Informationen (Fragen 9 und 10 im Fragebogen)

Der Einfluss der Unternehmensgröße auf die Nutzung der o. g. vier Maßnahmen zum Schutze vor Verlust von vertraulichen Informationen wird am Vergleich der Anteile der Unternehmen, die eine Maßnahmen nannten an allen Unternehmen dieser Gruppe ersichtlich:

Unternehmensgröße nach Mitarbeiterzahl	**Richtlinien**		**Mitarbeiterschulung**		**Software**		**Datensicherung**	
	abs.	Anteil	abs.	Anteil	abs.	Anteil	abs.	Anteil
< 10	12	29%	9	21%	15	36%	28	67%
10 - 50	18	33%	11	20%	31	57%	41	76%
51 - 100	28	43%	8	12%	47	72%	64	98%
101 - 250	50	53%	34	36%	68	72%	86	91%
251- 500	30	59%	19	37%	34	67%	45	88%
> 500	9	64%	6	43%	12	86%	14	100%
alle	147	46%	87	27%	207	64%	278	87%

Tab. 4.3.11: Abs. Häufigkeiten der Nennungen zu bereits eingesetzten Maßnahmen sowie Anteil an allen Befragten in der Gruppe in %, differenziert nach Unternehmensgröße

Trotz einiger Ausreißer kann für alle vier Maßnahmen beobachtet werden: Je größer die Unternehmen, desto mehr werden die Maßnahmen bereits genutzt. Bei den Maßnahmen „Software" und „Datensicherung" allerdings zeigen auch die mittelgroßen Unternehmen (Gruppen mit 51 bis 100 und 101 bis 250 Mitarbeitern) ein hohes Niveau der Nutzung der Maßnahmen, dass von den größeren Unternehmen dann kaum mehr überstiegen wird.

Die gleichen Befunde lassen sich für die geplanten Maßnahmen feststellen, wie die Tabelle 4.3.12 zeigt.

Unternehmensgröße nach Mitarbeiterzahl	**Richtlinien**		**Mitarbeiterschulung**		**Software**		**Datensicherung**	
	abs.	Anteil	abs.	Anteil	abs.	Anteil	abs.	Anteil
< 10	18	43%	10	24%	20	48%	33	79%
10 - 50	35	65%	14	26%	31	57%	48	89%
51 - 100	57	88%	30	46%	63	97%	64	98%
101 - 250	84	88%	46	48%	79	83%	90	95%
251 - 500	47	92%	29	57%	44	86%	46	90%
> 500	14	100%	10	71%	14	100%	12	86%
alle	255	79%	139	43%	251	78%	293	91%

Tab. 4.3.12: Abs. Häufigkeiten der Nennungen zu geplanten Maßnahmen sowie Anteil an allen Befragten in der Gruppe in %, differenziert nach Unternehmensgröße

Einfluss auf die Gründe, die die Unternehmen bislang gehindert haben, nicht mehr für Vertraulichkeit in der mobilen Kommunikation zu tun (Frage 11 im Fragebogen)

Der Einfluss der Unternehmensgröße auf die Gründe, die die Unternehmen bislang gehindert haben, nicht mehr für Vertraulichkeit in der mobilen Kommunikation zu tun, wird wie oben durch den Vergleich der Anteile der Unternehmen, die eine Maßnahme nannten an allen Unternehmen in dieser Gruppe sichtbar (Tabelle 4.3.13):

- Generelle Tendenzen des Einflusses der Unternehmensgröße sind für die Gründe nicht erkennbar.
- Bei den beiden Begründungen „fehlende Ressourcen / Budget" und „fehlende Zeit" ist aber der steigende Anteil der Nennungen je kleiner die Unternehmen sind, offensichtlich.
- Trotz Ausreißer kann dieser Befund auch für die Gründe „technische Komplexität" und „kein Bedarf" erkannt werden. Allerdings ist dieser Zusammenhang nicht sehr deutlich erkennbar.
- Umgekehrt scheint der Anteil der Nennungen mit der Größe der Unternehmen für die Begründung „fehlendes Bewusstsein bei den Mitarbeitern" zu steigen.

Unternehmensgröße nach Mitarbeiterzahl	Fälle in der Gruppe	Fehlendes Bewusstsein/Unterstützung im Management		Fehlendes Bewusstsein Mitarbeiter		Fehlende Ressourcen / Budget		Technische Komplexität		Fehlende Zeit		Kein Bedarf	
		abs.	Anteil	abs.	Anteil	abs.	Anteil	abs.	Anteil	abs.	Anteil	abs.	Anteil
< 10	42	3	7%	0	0%	15	36%	4	10%	19	45%	10	24%
10 - 50	54	2	4%	7	13%	12	22%	12	22%	26	48%	11	20%
51 - 100	65	11	17%	32	49%	1	2%	14	22%	10	15%	8	12%
101 - 250	95	8	8%	29	31%	4	4%	13	14%	17	18%	22	23%
251 - 500	51	7	14%	19	37%	0	0%	6	12%	4	8%	8	16%
> 500	14	4	29%	8	57%	0	0%	0	0%	0	0%	0	0%
alle	321	35	11%	95	30%	32	10%	49	15%	76	24%	59	18%

Tab. 4.3.13: Abs. Häufigkeiten der Nennungen zu Gründen sowie Anteil an allen Befragten in der Gruppe in %, differenziert nach Unternehmensgröße

4.3.7 Einfluss der Sektorenzugehörigkeit

Im Folgenden soll der Einfluss der Variable Sektorenzugehörigkeit analysiert werden. Die Variable ist hier über 5 Klassen operationalisiert: Handel, Industrie, Handwerk, Dienstleistung und Freiberuf.

Einfluss auf die Existenz eines Verantwortlichen (Frage 1 im Fragebogen)

Es zeigt sich ein signifikanter Zusammenhang zwischen der Zugehörigkeit zu einem der o. g. Sektoren und der Existenz eines Verantwortlichen für den Schutz vertraulicher Informationen im Unternehmen (siehe dazu Frage 1 des Fragebogens im Anhang): Der (Inter-)Dependenz-Test beider Variablen ergab ein Chi-Quadrat von 54,6 bei 8 Freiheitsgraden (Quantil bei einem Signifikanzniveau von 5%) (siehe Tabelle 4.3.14).

		„Verantwortlicher für Vertraulichkeit“			
		Vorhanden	**Nicht vorhanden**	**Nicht bekannt**	**Summen**
Zugehörigkeit zum Sektor	**Handel**	48 38,9	29 36,2	2 3,9	79
	Industrie	79 72,3	56 67,3	12 7,3	147
	Handwerk	7 22,1	37 20,6	1 2,2	45
	Dienstleistung	22 15,2	8 14,2	1 1,5	31
	Freiberuf	2 9,3	17 8,7	0 0,9	19
	Summen	158	147	16	321

Tab. 4.3.14: Kreuztabellarischer Vergleich der Sektorenzugehörigkeit und der Existenz eines Verantwortlichen für den Schutz vertraulicher Daten in der mobilen Kommunikation (abs. Häufigkeiten, darunter erwartete Häufigkeiten, n=321)

Dabei fällt auf:

- Im Handel ist überproportional häufig ein Verantwortlicher für den Schutz vertraulicher Daten vorhanden (60%, abs. 48).
- In der Industrie ist in 54% der Fälle (abs. 79) ein Verantwortlicher bestimmt, ebenfalls öfter als zu erwarten war. Ebenso in Dienstleistungsunternehmen sind überproportional viele Verantwortliche zu finden (71%, abs. 22).
- Im Handwerk dagegen sowie im Freiberuf ist bei 82% bzw. bei 89% der Unternehmen kein Beauftragter eingesetzt. Damit sind Verantwortliche in diesen beiden Gruppen weiter unterproportional vertreten.

Dieses Ergebnis überrascht nicht. So sind im Handwerk und bei den Freiberuflern überproportional viele kleine Unternehmen vertreten, für die bereits weiter oben eine signifikant geringere Verbreitung von Verantwortlichen festgestellt wurde. Verfügen größere Unternehmen – die sich hier im Handel, Industrie und auch in den Dienstleistungen wieder finden – doch über mehr finanzielle und personelle Ressourcen, die zu der Einrichtung eines Beauftragten führen können.

Das bedeutet aber auch, dass nicht die Zugehörigkeit zum Sektor, sondern die Unternehmensgröße bestimmend ist.

Einfluss auf den Verlust mobiler Geräte und den damit verbundenem Verlust von vertraulichen Informationen an Dritte (Fragen 2 und 3 im Fragebogen)

Hier konnte kein signifikanter Einfluss (5% Signifikanzniveau) festgestellt werden. Es wurde daher darauf verzichtet, hier die entsprechenden Kreuztabellen zu zeigen. Dieser Befund ist dem o. g. ähnlich: nicht die Zugehörigkeit zum Sektor, sondern die Unternehmensgröße ist für das Antwortverhalten bestimmend.

Einfluss auf die Einschätzung von Gefahren und Bewusstsein (Fragen 4 bis 7 im Fragebogen)

Der Vergleich der Mittelwerte ergab folgende Befunde (siehe dazu nebenstehende Tabellen 4.3.15, 4.3.16 und 4.3.17):

- Auch hier zeigt sich wiederum derselbe Effekt, wie bereits zuvor: Die Sektoren mit größeren Unternehmen (Industrie, Handel, Dienstleistung) zeigen tendenziell positivere Werte (Mittelwerte) als die Sektoren mit eher kleinen Unternehmensgrößen (Handwerk, Freiberuf).
- Deshalb gilt auch hier, dass nicht die Zugehörigkeit zum Sektor, sondern die Unternehmensgröße bestimmend ist.
- Die eine Abhängigkeit indizierenden Ergebnisse der Varianzanalyse (Tabelle 4.3.17) sind für diesen Befund dabei unerheblich.

Zugehörigkeit zum Sektor	Bedeutung der Vertraulichkeit im Unternehmen (Frage 4)		Sicherheitsbewusstsein der Mitarbeiter (Frage 5)	
	Mittelwerte	Standardabweichung	Mittelwerte	Standardabweichung
Handel	1,86	0,66	2,77	0,96
Industrie	2,00	0,83	2,66	0,93
Handwerk	3,55	1,22	4,33	0,80
Dienstleistung	1,90	1,04	2,13	0,85
Freiberuf	2,00	1,05	2,10	0,94
Alle Unternehmen	2,18	1,05	2,84	1,11

Tab. 4.3.15: Vergleich der Mittelwerte zu der Einschätzung von Gefahren in den Größenklassen (Erläuterungen siehe Text), Teil 1

Zugehörigkeit zum Sektor	Risiko für Verlust von Informationen (Frage 6)		Schutz vor Verlust von Informationen (Frage 7)	
	Mittelwerte	Standardabweichung	Mittelwerte	Standardabweichung
Handel	2,72	0,95	2,14	0,80
Industrie	3,24	0,94	2,10	0,69
Handwerk	4,22	0,77	3,42	0,72
Dienstleistung	2,61	1,36	1,93	0,81
Freiberuf	2,21	1,03	2,10	0,81
Alle Unternehmen	3,13	1,11	2,28	0,87

Tab. 4.3.16: Vergleich der Mittelwerte zu der Einschätzung von Gefahren in den Größenklassen (Erläuterungen siehe Text), Teil 2

Variable	F	$F_{0,05\ (4;316)}$	p
Bedeutung der Vertraulichkeit im Unternehmen (Frage 4)	31,50	2,40	$4{,}33*10^{-22}$
Sicherheitsbewusstsein der Mitarbeiter (Frage 5)	39,30	2,40	$1{,}05*10^{-26}$
Risiko für Verlust von Informationen (Frage 6)	24,57	2,40	$1{,}01*10^{-17}$
Schutz vor Verlust von Informationen (Frage 7)	31,49	2,40	$4{,}39*10^{-22}$

Tab. 4.3.17: Kennwerte der Varianzanalyse zum Einfluss der Sektorenzugehörigkeit auf die Variablen zu den Fragen 4 bis 7 (F-Quantil mit FG = 5 und 321, F (5-1;321-5) bei Signifikanzniveau 5%)

Einfluss auf die Einschätzung von Maßnahmen gegen Verlust bzw. zum Schutz vertraulicher Informationen (Frage 8 im Fragebogen)

Der Vergleich der Mittelwerte ergab folgende Befunde (siehe dazu nebenstehende Tabellen 4.3.18 und 4.3.19):

- Auch hier zeigt sich wiederum derselbe Zusammenhang wie zuvor: Die Sektoren mit größeren Unternehmen (Industrie, Handel, Dienstleistung) zeigen tendenziell positivere Werte (Mittelwerte) als die Sektoren mit eher kleinen Unternehmensgrößen (Handwerk).
- Deshalb gilt auch hier, dass nicht die Zugehörigkeit zum Sektor, sondern die Unternehmensgröße bestimmend ist.
- Die Ergebnisse der Varianzanalyse (Tabelle 4.3.19) gehen mit diesem Befund einher.

- Auch hier kann ein Einfluss der Sektorenzugehörigkeit auf die Einschätzungen zur Maßnahme „Datensicherung“ nicht angenommen werden. Die Mittelwerte der Gruppen liegen auf etwa gleichem Niveau, was mit den obigen Ergebnissen zum Einfluss der Unternehmensgröße korrespondiert. Die Varianzanalyse lässt ebenso nicht zu einen Zusammenhang anzunehmen ($F < F_{0,05\,(4;316)}$, Tabelle 4.3.19).
- Lediglich die Mittelwerte zu den Freiberuflern widersprechen der Annahme, dass allein die Unternehmensgröße Einfluss besitzt: Hier zeigen die Freiberufler ebenso positive Werte, wie die Befragten aus den großen Unternehmen, also auch aus Industrie, Handel, Dienstleistung. Der Grund für diese Abweichung mag in der Brisanz der vertraulichen Informationen für Freiberufler liegen, so dass diese jegliche Maßnahmen zum Schutze dieser begrüßen.

Zugehörigkeit zum Sektor	**Richtlinien**		**Mitarbeiterschulung**	
	Mittelwerte	**Standardabweichung**	**Mittelwerte**	**Standardabweichung**
Handel	1,32	0,47	1,61	0,63
Industrie	1,62	0,64	1,90	0,79
Handwerk	3,31	1,33	3,71	1,12
Dienstleistung	2,06	0,93	2,52	1,00
Freiberuf	2,00	0,94	2,47	1,07
Alle Unternehmen	1,85	1,01	2,17	1,08
Zugehörigkeit zum Sektor	**Software**		**Datensicherung**	
	Mittelwerte	**Standardabweichung**	**Mittelwerte**	**Standardabweichung**
Handel	1,38	0,49	1,28	0,45
Industrie	1,40	0,49	1,34	0,48
Handwerk	2,27	0,91	1,42	0,50
Dienstleistung	1,64	0,71	1,32	0,48
Freiberuf	1,42	0,51	1,37	0,50
Alle Unternehmen	1,54	0,66	1,33	0,47

Tab. 4.3.18: Vergleich der Mittelwerte zu der Einschätzung von Maßnahmen gegen Verlust / zum Schutz vertraulicher Informationen (Erläuterungen siehe Text)

Variable	F	$F_{0,05\,(4;316)}$	p
Richtlinien	51,24	2,40	$3,13*10^{-33}$
Mitarbeiterschulung	51,34	2,40	$2,76*10^{-33}$
Software	20,90	2,40	$2,65*10^{-15}$
Datensicherung	0,69	2,40	0,60

Tab. 4.3.19: Kennwerte der Varianzanalyse zum Einfluss der Sektorenzugehörigkeit auf die Variablen zu Frage 8 (F-Quantil mit FG = 5 und 321, F (5-1;321-5) bei Signifikanzniveau 5%)

Einfluss auf bisherige und geplante Nutzung der Maßnahmen gegen Verlust vertraulicher Informationen (Fragen 9 und 10 im Fragebogen)

Der Einfluss der Sektorenzugehörigkeit auf die bestehende und geplante Nutzung der o. g. vier Maßnahmen zum Schutze vor Verlust von vertraulichen Informationen wird am Vergleich der Anteile der Unternehmen, die eine Maßnahmen nannten an allen Unternehmen dieser Gruppe ersichtlich (Tabelle 4.3.20 und 4.3.21):

Zugehörigkeit zum Sektor	**Richtlinien**		**Mitarbeiter-schulung**		**Software**		**Daten-sicherung**	
	abs.	Anteil	abs.	Anteil	abs.	Anteil	abs.	Anteil
Handel	40	51%	22	28%	62	78%	76	96%
Industrie	89	61%	53	36%	116	79%	143	97%
Handwerk	2	4%	1	2%	5	11%	29	64%
Dienstleistung	10	32%	7	23%	14	45%	19	61%
Freiberuf	6	32%	4	21%	10	53%	11	58%
alle Unterneh.	147	46%	87	27%	207	64%	278	87%

Tab. 4.3.20: Abs. Häufigkeiten der Nennungen zu bereits eingesetzten Maßnahmen sowie Anteil an allen Befragten in der Gruppe in %, differenziert nach Sektoren

Zugehörigkeit zum Sektor	**Richtlinien**		**Mitarbeiter-schulung**		**Software**		**Daten-sicherung**	
	abs.	Anteil	abs.	Anteil	abs.	Anteil	abs.	Anteil
Handel	74	94%	38	48%	72	91%	77	97%
Industrie	140	95%	85	58%	134	91%	141	96%
Handwerk	11	24%	3	7%	11	24%	37	82%
Dienstleistung	19	61%	10	32%	21	68%	24	77%
Freiberuf	11	58%	3	16%	13	68%	14	74%
alle Unterneh.	255	79%	139	43%	251	78%	293	91%

Tab. 4.3.21: Abs. Häufigkeiten der Nennungen zu geplanten Maßnahmen sowie Anteil an allen Befragten in der Gruppe in %, differenziert nach Unternehmensgröße

- Auch hier zeigt sich wieder der obige Zusammenhang: Die Sektoren mit größeren Unternehmen (Industrie, Handel, Dienstleistung) zeigen tendenziell positivere Werte (Mittelwerte) als die Sektoren mit eher kleinen Unternehmensgrößen (Handwerk).
- Deshalb gilt auch hier, dass nicht die Zugehörigkeit zum Sektor, sondern die Unternehmensgröße bestimmend ist.
- Ebenso wie zuvor widersprechen die Mittelwerte zu den Freiberuflern der Annahme, dass allein die Unternehmensgröße Einfluss besitzt: Hier zeigen die Freiberufler ebenso positive Werte, wie die Befragten aus den großen Unternehmen, also auch aus Industrie, Handel, Dienstleistung. Der Grund für diese Abweichung mag ebenso in der Brisanz der vertraulichen Informationen für Freiberufler liegen, so dass diese jegliche Maßnahmen zum Schutze dieser vermehrt nutzen oder nutzen wollen.

Einfluss auf die Gründe, die die Unternehmen bislang gehindert haben, mehr für Vertraulichkeit in der mobilen Kommunikation zu tun (Frage 11 im Fragebogen)

Der Einfluss der Unternehmensgröße auf die Gründe, die die Unternehmen bislang gehindert haben, nicht mehr für Vertraulichkeit in der mobilen Kommunikation zu tun, wird wie oben durch den Vergleich der Anteile der Unternehmen, die eine Maßnahmen nannten an allen Unternehmen in dieser Gruppe sichtbar (Tabelle 4.3.22):

- Auch hier zeigt sich wieder der obige Zusammenhang: Die Sektoren mit größeren Unternehmen (Industrie, Handel, Dienstleistung) zeigen tendenziell positivere Werte (Mittelwerte) als die Sektoren mit eher kleinen Unternehmensgrößen (Handwerk). Allerdings ist der Zusammenhang nicht so deutlich erkennbar, wie bei den Variablen zuvor.
- Gleichwohl gilt auch hier, dass nicht die Zugehörigkeit zum Sektor, sondern die Unternehmensgröße bestimmend ist.

Zugehörigkeit zum Sektor	**Fälle in der Gruppe**	**Fehlendes Bewusstsein/Unterstützung im Management**		**Fehlendes Bewusstsein Mitarbeiter**		**Fehlende Ressourcen / Budget**		**Technische Komplexität**		**Fehlende Zeit**		**Kein Bedarf**	
		abs.	Anteil	abs.	Anteil	abs.	Anteil	abs.	Anteil	abs.	Anteil	abs.	Anteil
Handel	79	0	0%	32	41%	0	0%	13	16%	10	13%	10	13%
Industrie	147	25	17%	57	39%	0	0%	25	17%	15	10%	14	10%
Handwerk	45	10	22%	6	13%	19	42%	11	24%	25	56%	20	44%
Dienstleistung	31	0	0%	0	0%	7	23%	0	0%	15	48%	9	29%
Freiberuf	19	0	0%	0	0%	6	32%	0	0%	11	58%	6	32%
alle Unterneh.	321	35	11%	95	30%	32	10%	49	15%	76	24%	59	18%

Tab. 4.3.22: Abs. Häufigkeiten der Nennungen zu Gründen sowie Anteil an allen Befragten in der Gruppe in %, differenziert nach Sektorenzugehörigkeit

4.3.8 Zusammenfassung zur Unternehmensbefragung I

Die vorliegende Untersuchung hatte drei Ziele:

- Den Umgang der Unternehmen mit vertraulichen Daten in der mobilen Kommunikation zu ermitteln: Erfahrungen, Schutzmaßnahmen, Bewusstsein bei Management und Mitarbeitern für das Thema, ggf. institutionelle Umsetzung (z. B. Sicherheitsbeauftragter).
- Unternehmensinterne Nutzung und Planung des Schutzes von vertraulichen Informationen in der mobilen Kommunikation zu erheben sowie Gründe, warum Maßnahmen bisher noch nicht ergriffen wurden.
- Eine Bewertung von Maßnahmen zum Schutz von vertraulichen Informationen in der mobilen Kommunikation.

Dazu wurde eine Telefonbefragung im Juni 2010 bei 321 kleinen und mittleren deutschen Unternehmen durchgeführt. Das Sample war von Industriebetrieben mittlerer Größe geprägt und wurde von Unternehmen mit 101 bis 250 Mitarbeitern dominiert. Auffällig war zudem, dass eher größere Dienstleistungsbetriebe befragt wurden. Die durchschnittliche Mitarbeiterzahl der Unternehmen betrug 159.

Folgende zentrale Ergebnisse konnten gewonnen werden:

- Je fast die Hälfte der Unternehmen verfügt über einen Verantwortlichen für den Schutz von Unternehmensinformationen bzw. verfügt nicht darüber. Im Lichte einer durchschnittlichen Mitarbeiterzahl von 159 erscheint der Anteil der Unternehmen mit einem solchen Verantwortlichen groß. Allerdings bleibt durch die Frage offen, welche Form von Verantwortlichem sich hinter der Auskunft verbirgt. Ein Verantwortlicher kann ein Mitarbeiter sein, der diese Funktion nur am Rande ausfüllt oder aber eine extra hierfür definierte Position besetzt.

- Die Unternehmen waren in etwa gleich großer Anzahl von einem Verlust eines mobilen Geräts betroffen bzw. sind bisher davon verschont geblieben. Auffallend ist dabei die große Zahl von Befragten, die keine Angaben machen konnten. Dieses Unwissen deutet darauf hin, dass der Verlust eines mobilen Geräts in den Unternehmen nur von geringer Beachtung oder Bedeutung ist – und damit auch die Gefahren, die mit dem Verlust von vertraulichen Daten einhergehen.

- Über die Hälfte der Befragten gab zu dieser Frage an, dass noch kein Verlust an externe Personen vorgekommen ist. In weniger als einem Sechstel der Fälle wurde ein solcher Verlust durch die Befragten gemeldet. In den 114 Unternehmen, in denen bereits betriebseigene Geräte abhanden gekommen sind, hatte dies bei 47 Unternehmen (41%) zur Folge, dass Informationen an Externe gelangten. In den Fällen, in denen kein mobiles Gerät abhanden gekommen ist oder die Befragten dies nicht wussten, konnte selbstverständlich auch kein Informationsverlust benannt werden. Auffällig ist der hohe Anteil der Befragten, die über einen Verlust von vertraulichen Informationen an externe Personen im Unternehmen keine Kenntnis besitzt (32%). Die Ergebnisse legen nunmehr den Eindruck geringer Sensibilisierung der Unternehmen nahe.

- Die Ergebnisse für alle Unternehmen zeigen, dass die Unternehmen der Vertraulichkeit in der mobilen Kommunikation einen „hohen" Stellenwert = große Bedeutung beimessen, das Sicherheitsbewusstsein der Mitarbeiter durch die Befragten im Durchschnitt weder hoch noch gering ist, das Risiko des Verlustes von vertraulichen Daten weder hoch noch gering bewertet wird und der Schutz des Unternehmens durch die Befragten im Mittel als gut angegeben wird.

- Den Unternehmen wurden vier Maßnahmen zum Schutz vertraulicher Informationen in der Kommunikation vorgestellt, die sie nach ihrem Nutzen bewerten sollten: Einführung von Richtlinien für die Mitarbeiter, Mitarbeiterschulungen zum Thema, Einsatz von Schutzsoftware und Datensicherung. Alle Maßnahmen werden von den Unternehmen im Mittel mit sehr gut oder gut bewertet. Datensicherung wird dabei als beste Maßnahme angesehen. Der Nutzen der Maßnahmen wurde umso höher eingeschätzt, je geringer der Aufwand ist, die Maßnahme zu installieren bzw. umzusetzen.

- Die Unternehmen wurden zudem gefragt, ob sie die o. g. Maßnahmen bereits nutzen bzw. dieses planen: 87% der Untenehmen nutzen bereits die Datensicherung und werden dies weiterhin tun. Weitere 5% planen diese Maßnahme einzusetzen. Zusammen werden in Zukunft also etwa 91% der Unternehmen die Datensicherung gegen Verlust vertraulicher Informationen nutzen. Schützende Software setzen bereits 64% der Unternehmen ein, weitere 14% wollen in Zukunft diese einsetzen. In Summe sind dies in Zukunft also 78%. Während 46% der Untenehmen bereits Richtlinien vorgegeben haben, wollen weitere 33% in Zukunft folgen (Summe 79%). Nur 27% der Unternehmen setzen bislang Mitarbeiterschulungen ein, aber zusätzliche 16% der Unternehmen planen, auch diese Maßnahme zu ergreifen, was in Zukunft dazu führen wird, dass 43% aller Unternehmen Mitarbeiterschulungen zum Schutz vertraulicher Informationen in der mobilen Kommunikation einsetzen werden. 22 Unternehmen gaben an, dass sie Maßnahmen zur Sensibilisierung der Mitarbeiter ergreifen werden. Hierzu gehören Informationsveranstaltungen, Rundschreiben oder Aushänge. Weitere 36 Unternehmen wollen einmalig Workshops, ähnlich den Mitarbeiterschulungen durchführen. Bislang bevorzugen die Unternehmen technische Lösungen für einen verbesserten Schutz vertraulicher Informationen. Maßnahmen, die eine Verhaltensänderung der Mitarbeiter mit sich bringen sollen, werden sichtbar weniger eingesetzt. Doch dies scheint sich in Zukunft zu ändern. Die Unternehmen planen insbesondere verhaltensbezogen Maßnahmen statt technischer Lösungen zum Schutz vertraulicher Informationen.
- Besonders deutlich ist die Zunahme bei der Nutzung von Richtlinien. Hier mag aber allein die Befragung den Unternehmen die Anregung gegeben haben, diese Maßnahmen zu ergreifen – zumal sie mitunter auch leicht umzusetzen wäre.
- Die Unternehmen konnten zudem Gründe bewerten, warum sie nicht mehr (Maßnahmen) gegen den Verlust von vertraulichen Informationen in der mobilen Kommunikation angehen: Das fehlende Bewusstsein der Mitarbeiter wird als Hauptursache angesehen. Hingegen sehen die Befragten nur sehr selten sich selbst in der Pflicht. Über alle Unternehmen gesehen, sind fehlendes Budget bzw. Ressourcen keine wesentlichen

Hinderungsgründe, eher schon die fehlende Zeit, sich mit der Thematik zu befassen.

- Die Unternehmensgröße hat einen sichtbaren Einfluss auf die Ergebnisse der Befragung:
  - Der Anteil der Unternehmen mit einem Verantwortlichen steigt mit der Größe / Mitarbeiterzahl im Unternehmen.
  - Auch nimmt die Bedeutung der Vertraulichkeit in der mobilen Kommunikation im Betrieb mit der Größe des Unternehmens zu, wie auch das Sicherheitsbewusstsein der Mitarbeiter und die Qualität des Schutzes vertraulicher Informationen im Unternehmen.
  - Die Bewertung der Maßnahmen „Richtlinien“ und „Mitarbeiterbeteiligung“ wird mit der Unternehmensgröße positiver.
  - Trotz einiger Ausreißer kann für alle vier Maßnahmen beobachtet werden: Je größer die Unternehmen, desto mehr werden die Maßnahmen bereits genutzt oder sollen in Zukunft genutzt werden.
  - Nur schwach ist ein Einfluss der Unternehmensgröße auf die Nennung von Gründen, warum nicht mehr für den Schutz vertraulicher Informationen getan wird, ausgeprägt. Generelle Tendenzen des Einflusses der Unternehmensgröße sind für die Gründe nicht erkennbar. Bei den Gründen „fehlende Ressourcen / Budget“, „technische Komplexität“, „kein Bedarf“ und „fehlende Zeit“ ist aber ein steigender Anteil der Nennungen zu erkennen, je kleiner die Unternehmen sind. Umgekehrt scheint der Anteil der Nennungen mit der Größe der Unternehmen für die Begründung „fehlendes Bewusstsein bei den Mitarbeitern“ zu steigen.
- Der Einfluss der Sektorenzugehörigkeit wird hingegen von der Unternehmensgröße überlagert: Nicht die Zugehörigkeit zum Sektor, sondern die Unternehmensgröße bestimmen die Unterschiede zwischen den Unternehmen. Dies hat sich für alle analysierten Variablen bestätigt.
- Allerdings wird bei den Freiberuflern eine Besonderheit sichtbar: Sie zeigen sich bei der Bewertung der o. g. vier Maßnahmen so positiv, wie die großen Unternehmen und zeigen auch deren Umfang an bestehender und geplanter Nutzung dieser Maßnahmen. Der Grund für diese Abweichung mag in der Brisanz der vertraulichen Informationen für Freiberufler liegen, so dass diese jegliche Maßnahmen zum Schutze dieser begrüßen bzw. deshalb schon nutzen oder nutzen wollen.

4.4 Unternehmensbefragung II

4.4.1 Design und Durchführung

Ziel und Größen der Untersuchung

Im Projekt Vertraulichkeit in der mobilen Kommunikation wurden zwei größere Befragungen bei Unternehmen durchgeführt. Die erste Befragung befasste sich mit dem Umgang mit vertraulichen Informationen in den Unternehmen sowie mit Maßnahmen zu deren Schutz (Kapitel 4.3).

Darüber hinaus ist es von Interesse, welche Bedeutung den verschiedenen Leckagen der mobilen Kommunikation in den Unternehmen beigemessen wird. Da derzeit viele empirische Untersuchungen an die Unternehmen herangetragen werden, sinkt die Antwortbereitschaft der Unternehmen mit der Länge des Fragebogens erheblich. Daher wurde darauf verzichtet, beide obige Fragestellungen in einer Untersuchung abzuhandeln. Vielmehr wurden zwei getrennte Erhebungen gewählt.

Auch wenn per se nicht dieselben Unternehmen befragt werden konnten, so wurde dennoch darauf Wert gelegt, ein Sample mit nahezu gleicher Größen- und Sektorenverteilung wie in der Untersuchung zuvor zu erreichen – was auch gelang (s. u.). Die Unternehmen wurden nach ihrer Einschätzung zur Bedeutung der in Kapitel 3 erarbeiteten 26 Leckagen der mobilen Kommunikation befragt. Dort wurde auch der Begriff „Bedeutung“ operationalisiert und die Portfoliodarstellung vorgestellt. Hierauf wird nun zurückgegriffen und es werden zum Zweck der Bestimmung der Bedeutung der Leckagen die Ratings zu den zwei Variablen...

- „Eintrittsrisiko (Wahrscheinlichkeit) des Auftretens eines Schadens aus der Leckage“ und
- „Ausmaß des Schadens für das Unternehmen im Eintrittsfalle“

erhoben. Die Ergebnisse der Befragung, die Mittelwerte zu den beiden Variablen je Leckage, werden zum in Kapitel 3 vorgestellten Maß für die Bedeutung errechnet – sowohl als euklidische Distanz wie auch nach dem City-Block-Verfahren (siehe oben Kapitel 3). Dazu werden die beiden Variablen wie folgt skaliert bzw. die Ratingstufen codiert und verbalisiert:

- Skalierung Variable „Risiko":
  0 = Risiko faktisch, 0% = „nicht zu erwarten"
  1 = kaum Risiko, 25% = „kann einmal passieren"
  2 = mittleres Risiko, 50% = „könnte immer mal passieren"
  3 = großes Risiko, 75% = „Gefahr ist immer gegeben"
  4 = faktisch wahrscheinlich, 100% = „nicht zu verhindern"
- Skalierung Variable „Schaden":
  0 = unerheblicher / kleiner Schaden
  1 = geringer Schaden
  2 = beachtlicher Schaden
  3 = großer Schaden
  4 = sehr großer Schaden (unternehmensgefährdend)

Entsprechend der Portfoliodarstellung werden die Positionen der Mittelwerte im Diagramm auch den Quadranten zugeordnet und interpretiert: (vgl. Kapitel 3):

- „Gefährlich": Rechts oben im Diagramm befinden sich Leckagen, die sowohl hohes Eintrittsrisiko für einen Schaden wie auch großen Schaden im Falle eines Eintritts aufweisen. Solche Leckagen stellen eine besonders große Bedrohung und somit auch Bedeutung für die Unternehmen dar.
- „Unerheblich": Links unten im Diagramm befinden sich Leckagen, die sowohl geringes Eintrittsrisiko für einen Schaden wie auch geringen Schaden im Falle des Eintritts aufweisen. Solche Leckagen stellen nur eine geringe Bedrohung und somit auch Bedeutung für die Unternehmen dar.
- „Lästig" und „riskant": Die Bedeutung derjenigen Leckagen, die sich in den Quadranten links oben und rechts unten wieder finden, wird nur von einer der beiden Variablen (Eintrittsrisiko für einen Schaden oder Schaden) angetrieben. Entweder entsteht die Bedrohung durch das hohe Eintrittsrisiko für einen Schaden bei vergleichsweise geringem Schaden pro Fall: Die Zahl der zu erwartenden Fälle macht die Bedrohung aus. Oder es sind zwar recht unwahrscheinliche, aber bei Eintritt mit erheblichen Konsequenzen verbundene, seltene Fälle, die die Bedrohung ausmachen.

Die Diagramme werden im Folgenden je nach Teilgruppe der Befragten (z. B. nach Größenklassen oder Branchen / Sektoren) differenziert.

Design und Durchführung

In einer Telefonbefragung bei 332 kleinen und mittleren deutschen Unternehmen im Juni und Juli 2010 wurden die Ratings zu den beiden oben beschriebenen Variablen „Eintrittsrisiko" und „Schaden bei Eintritt" einer Leckage abgefragt (Rating von 0 bis 5). Dies erfolgte als Selbsteinschätzung für das jeweilige Unternehmen für jede der 26 zuvor aufgeführten Leckagen mobiler Kommunikation. Der Fragebogen findet sich im Anhang. Es wurden ausschließlich Inhaber, Geschäftsführer oder Mitglieder der Geschäftsführung befragt. Dabei konnte kein signifikanter Einfluss der befragten Person auf die Antworten festgestellt werden. Ebenso gab es keinen signifikanten Einfluss des Interviewers auf das Ergebnis (beides varianzanalytisch geprüft). Drei möglicherweise beeinflussende Variablen wurden vorab erfasst: Sektor (Industrie, Handel, Handwerk, Dienstleistung, Freiberuf) und Unternehmensgröße (nach Mitarbeiterzahl in Klassen von <10, 10-50, 51-100, 101-250, 251-500, >500). Diese Daten wurden seitens der Auskunftei zur Verfügung gestellt, die auch die Kontaktdaten lieferte.

4.4.2 Auswertung - Sample

Zur Beschreibung der Unternehmen wurden die Größe (nach Mitarbeiterzahl, 6 Klassen) und die Sektorenzugehörigkeit (Industrie, Handel, Handwerk, Dienstleistung, Freiberuf) festgestellt. Die Daten wurden nicht erfragt, sondern der Unternehmensadressdatei entnommen, die Grundlage für die Ansprache der Unternehmen war. Samplegröße und Verteilung orientierte sich an der Erhebung zuvor. Für die 332 Unternehmen ergab sich folgende Struktur, die von Industriebetrieben mittlerer Größe geprägt war (Abbildungen 4.4.1 und 4.4.2, Tabelle 4.4.1).

	Industrie	**Handel**	**Dienstleistung**	**Handwerk**	**Freiberuf**	**Summe**
<10	0	5	11	12	10	38
10-50	5	19	8	30	7	69
51-100	14	30	6	4	1	55
101-250	88	23	3	1	0	115
251-500	40	3	1	0	0	44
>500	10	1	0	0	0	11
Summe	157	81	29	47	18	332

Tab. 4.4.1: Kreuztabelle zur Verteilung der Unternehmen nach Größe / Mitarbeiterzahl und Sektorenzugehörigkeit

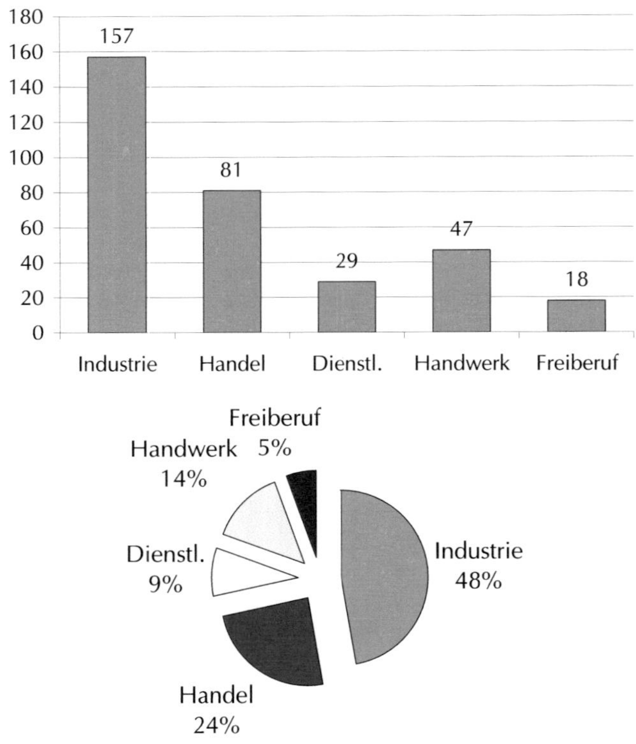

Abb. 4.4.1: Verteilung der Unternehmen im Sample nach Sektorenzugehörigkeit (abs. und rel. Häufigkeiten, n = 332)

Die durchschnittliche Größe der Unternehmen im Sample lag bei etwa 150 Mitarbeitern. Wie auch im Sample der Untersuchung zuvor waren – erwartungsgemäß – die Unternehmen aus Dienstleistung (58), Handwerk (34) und aus dem Freiberuf (18) kleine Unternehmen, die aus der Industrie stellten innerhalb des Samples die größeren Unternehmen dar (240), während Handelsbetriebe das Mittelfeld ausmachten (107) (in Klammern die durchschnittliche Mitarbeiterzahl der Teilgruppe).

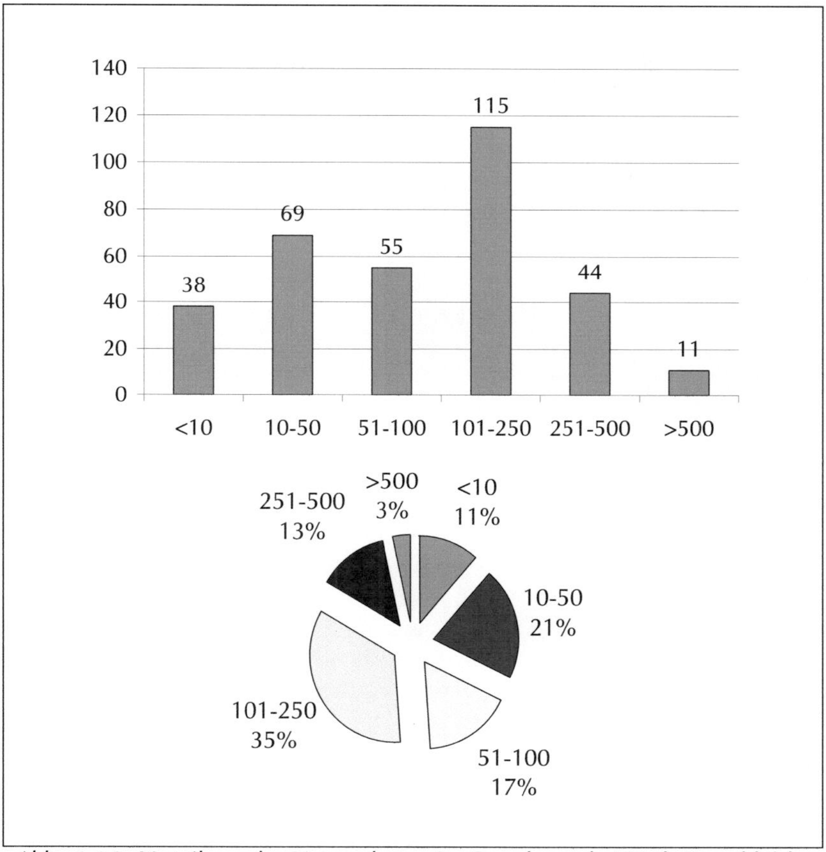

Abb. 4.4.2: Verteilung der Unternehmen im Sample nach Mitarbeiterzahl (abs. und rel. Häufigkeiten, n = 332, Klassen bezeichnen die Grenzen der Mitarbeiterzahl)

4.4.3 Die Bedeutung der Leckagen (bei allen Unternehmen)

Im Mittelpunkt der folgenden Auswertung stehen die oben vorgestellten Diagramme („Portfolios"): Für alle Leckagen zusammen, sowie für jede einzelne Leckage differenziert nach Sektor und Mitarbeiterzahl der Unternehmen. Zu der letzteren Auswertung entstand eine große Zahl von Diagrammen, die aus Gründen der besseren Übersicht im Anhang abgebildet sind. Nur die Ergebnisse werden hier aufgeführt.

Zunächst werden die Mittelwerte zu Eintrittsrisiko und Schaden bei Eintritt über alle Befragten hinweg und für alle Items (Leckagen) tabellarisch und als Diagramm gezeigt (Abbildung 4.4.3, Tabelle 4.4.2, Nummern der Leckagen nach Reihenfolge im Befragungsbogen). Es wird darin offensichtlich:

- Quadrant „gefährlich": Die Leckagen „Mitlesen von SMS" (Nr. 3) und „Auslesen von Daten aus verlorenen Handys, Sticks etc." (Nr. 16) haben eine sehr große Bedeutung für die Unternehmen. Sie weisen sowohl ein erhöhtes Eintrittsrisiko für einen Schaden als auch einen großen Schaden bei Eintritt auf.
- Quadrant „lästig": Die Leckagen „PC Auslesen über Trojaner/Viren etc." (Nr. 15), „Mitlesen von geöffneten, aber dennoch weitergeleiteten oder fehlgeleiteter Postsendungen" (Nr. 19) und „Auslesen von verlorenen/gestohlenen Laptops, Smartphones, Sticks etc." (Nr. 21) bedeuten nur mäßig großen Schaden bei Eintritt. Dagegen ist ein Schaden in den Unternehmen wahrscheinlich. Somit haben diese Leckagen eine große Bedeutung für die Unternehmen.
- Quadrant „riskant": Gleiche Bedeutung ist den Leckagen „Mitlesen von Emails" (Nr. 10), „Mithören von Gesprächen im nichtöffentlichen Raum (Büro vs. privat)" (Nr. 11), „Mitlesen im öffentlichen Raum, (z. B. Flugzeug, Zug, Café, Outdoor-Präsentation)" (Nr. 22) und „Mithören/-schneiden von Telefonaten im öffentlichen Raum" (Nr. 26) zuzumessen, die zwar nur ein geringes Eintrittsrisiko, aber im Eintrittsfall einen großen Schaden mit sich bringen.
- Quadrant „unerheblich": Die Leckagen „„Abhören"/Mitschneiden VoIP-Kommunikation" (Nr. 5), „Mitlesen im nichtöffentlichen Raum (z. B. Büro vs. privat)" (Nr. 7), „Abfangen von fehlgeleiteten Fax-Sendungen„ (Nr. 12), „Mithören/-schneiden von Telefonaten im nichtöffentlichen Raum (Büro vs. privat)" (Nr. 14) und „Abfangen von um- oder fehlgeleiteten Postsendungen (ohne Weiterleitung)" (Nr. 18) besitzen aufgrund des geringen Eintrittsrisikos und des geringen Schadens im Eintrittsfall keine Bedeutung für die Unternehmen.

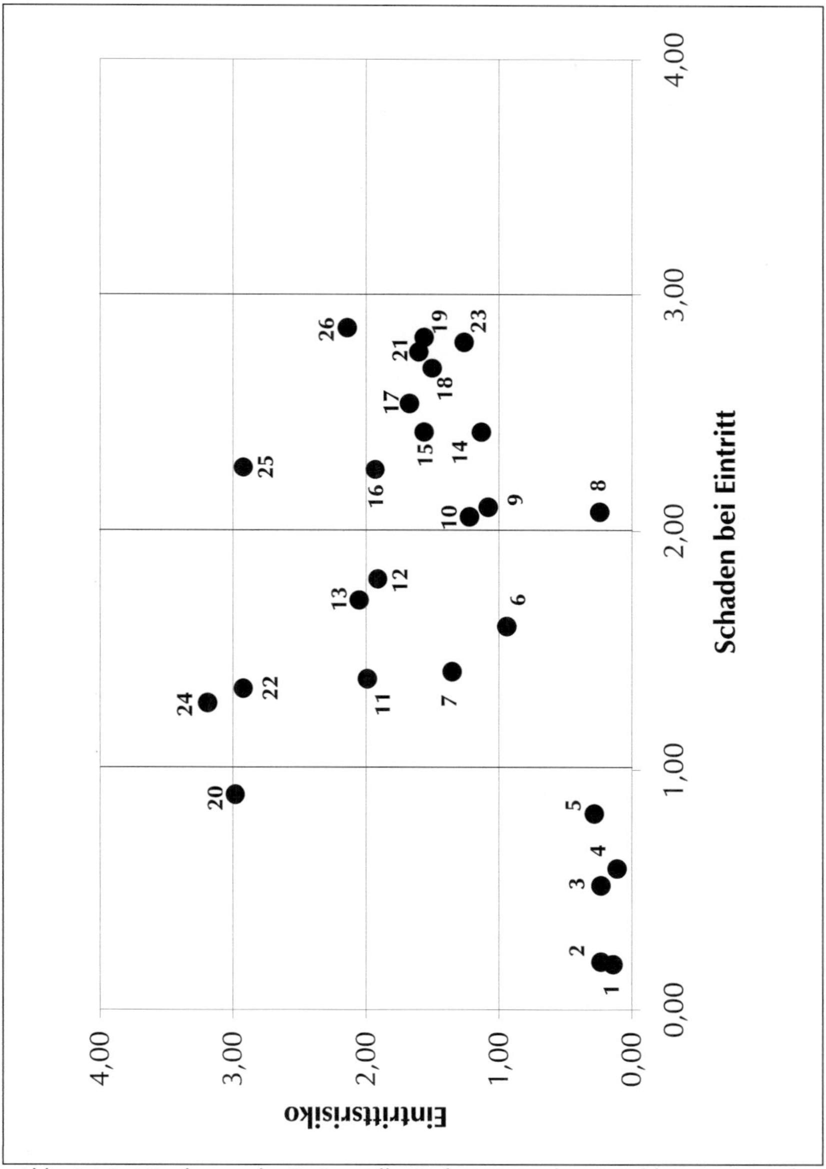

Abb. 4.4.3: Mittelwerte der Ratings aller Befragten zu den Variablen Eintrittsrisiko und Schaden bei Eintritt (n = 332, Rating 0 bis 4, die Zahlen korrespondieren mit den lfd. Nummern der nebenstehenden Tabelle)

lfd. Nr.	Leckage	Mittelwerte Eintrittsrisiko	Mittelwerte Schaden bei Eintritt
1	Auslesen von umgeleiteten FTP-Sendungen	0,14	0,19
2	Mitlesen von FTP-Datensendungen	0,23	0,20
3	Mitlesen von SMS	0,23	0,52
4	Abfangen von umgeleiteten SMS ohne Weiterleiten	0,11	0,59
5	„Abhören"/Mitschneiden VoIP-Kommunikation	0,28	0,82
6	Auslesen von liegen gebliebenen nichtelektronischen Unterlagen im nichtöffentlichen Raum (Büro vs. privat)	0,94	1,60
7	Mitlesen im nichtöffentlichen Raum (z. B. Büro vs. privat)	1,35	1,41
8	Auslesen durch Hacker über Bluetooth-Einwahl	0,24	2,08
9	Auslesen von umgeleiteten Emails ohne Weiterleitung	1,08	2,10
10	Mitlesen von Emails	1,22	2,06
11	Mithören von Gesprächen im nichtöffentlichen Raum (Büro vs. privat)	1,99	1,38
12	Abfangen von fehlgeleiteten Fax-Sendungen	1,91	1,80
13	Auslesen von liegen gebliebenen nichtelektronischen Unterlagen im öffentlichen Raum (Windstoß, Flugzeug, Zug, Café)	2,05	1,71
14	Mithören/-schneiden von Telefonaten im nichtöffentlichen Raum (Büro vs. privat)	1,13	2,42
15	PC Auslesen über Trojaner/Viren etc.	1,56	2,42
16	Auslesen von Daten aus verlorenen Handys, Sticks etc.	1,93	2,26
17	PC Auslesen durch Hackereinwahl	1,67	2,54
18	Abfangen von um- oder fehlgeleiteten Postsendungen (ohne Weiterleitung)	1,26	2,80
19	Mitlesen von geöffneten, aber dennoch weitergeleiteten oder fehlgeleiteten Postsendungen	1,50	2,69
20	„Shoulder Surfing"	2,98	0,90
21	Auslesen von verlorenen/gestohlenen Laptops, Smartphones, Sticks etc.	1,60	2,76
22	Mitlesen im öffentlichen Raum (z. B. Flugzeug, Zug, Café, Outdoor-Präsentation)	2,92	1,34
23	Aufzeichnen des Datenflusses aus ungesicherten WLAN-, UMTS-, GPRS- und Bluetooth-Verbindungen	1,56	2,82
24	Mithören von Gesprächen im öffentlichen Raum (z. B. Flugzeug, Zug, Café, Outdoor-Präsentation)	3,19	1,28
25	Phishing	2,14	2,86
26	Mithören/-schneiden von Telefonaten im öffentlichen Raum	2,92	2,27

Tab. 4.4.2: Mittelwerte der Ratings aller Befragten zu den Variablen Eintrittsrisiko und Schaden bei Eintritt (n = 332, Rating 0 bis 4)

Leckage	Wert eukl.	Wert City	Rang nach eukl.	Rang nach City.
Mithören/-schneiden von Telefonaten im öffentlichen Raum	3,7	5,2	**1**	1
Phishing	3,6	5,0	**2**	2
Mithören von Gesprächen im öffentlichen Raum (z. B. Flugzeug, Zug, Café, Outdoor-Präsentation)	3,4	4,5	**3**	3
Aufzeichnen des Datenflusses aus ungesicherten WLAN -, UMTS-, GPRS- und Bluetooth-Verbindungen	3,2	4,4	**4**	4
Mitlesen im öffentlichen Raum (z. B. Flugzeug, Zug, Café, Outdoor-Präsentation)	3,2	4,3	**5**	6
Auslesen von verlorenen/gestohlenen Laptops, Smartphones, Sticks etc.	3,2	4,4	**6**	5
„Shoulder Surfing"	3,1	3,9	**7**	12
Mitlesen von geöffneten, aber dennoch weitergeleiteten oder fehlgeleiteten Postsendungen	3,1	4,2	**8**	8
Abfangen von um- oder fehlgeleiteten Postsendungen (ohne Weiterleitung)	3,1	4,1	**9**	10
PC Auslesen durch Hackereinwahl	3,0	4,2	**10**	7
Auslesen von Daten aus verlorenen Handys, Sticks	3,0	4,2	**11**	9
PC Auslesen über Trojaner/Viren etc.	2,9	4,0	**12**	11
Mithören/-schneiden von Telefonaten im nichtöffentlichen Raum (Büro vs. privat)	2,7	3,6	**13**	15
Auslesen von liegen gebliebenen nichtelektronischen Unterlagen im öffentlichen Raum (Windstoß, Flugzeug, Zug, Café)	2,7	3,8	**14**	13
Abfangen von fehlgeleiteten Fax-Sendungen	2,6	3,7	**15**	14
Mithören von Gesprächen im nichtöffentlichen Raum (Büro vs. privat)	2,4	3,4	**16**	16
Mitlesen von Emails	2,4	3,3	**17**	17
Auslesen von umgeleiteten Emails ohne Weiterleitung	2,4	3,2	**18**	18
Auslesen durch Hacker über Bluetooth-Einwahl	2,1	2,3	**19**	21
Mitlesen im nichtöffentlichen Raum (Büro vs. privat)	2,0	2,8	**20**	19
Auslesen von liegen gebliebenen nichtelektronischen Unterlagen im nichtöffentlichen Raum (B, pr.)	1,9	2,5	**21**	20
„Abhören"/Mitschneiden VoIP-Kommunikation	0,9	1,1	**22**	22
Abfangen von umgeleiteten SMS ohne Weiterleiten	0,6	0,7	**23**	24
Mitlesen von SMS	0,6	0,8	**24**	23
Mitlesen von FTP-Datensendungen	0,3	0,4	**25**	25
Auslesen von umgeleiteten FTP-Sendungen	0,2	0,3	**26**	26

Tab. 4.4.3: Werte für die Bedeutung nach der euklidischen und der City-Block-Berechnung (=eukl./City) sowie die sich daraus ergebende Rangfolge (hier sortiert nach euklidischer Berechnung)

Die weiteren Leckagen befinden sich im „Mittelfeld der Bedeutung". Die visuelle Analyse lässt sich durch die – oben hergeleiteten – singulären Maße für die Bedeutung bestätigen. Die Tabelle 4.4.3 zeigt die Rangfolge der Leckagen nach ihrer Bedeutung gemäß der euklidischen Berechnung (zum Vergleich dazu auch nach City-Block).

Die beiden Rangfolgen weisen nur geringe Abweichungen voneinander auf, lediglich „Shoulder Surfing" erhält bei euklidischer Berechnung einen deutlich höheren Rang, was den sehr unterschiedlich großen Mittelwerten der Ratings zu beiden Variablen (Eintrittswahrscheinlichkeit für Schaden, Schaden bei Eintritt) geschuldet ist (s. o.).

Hiernach stellen die Leckagen…

- Mithören/-schneiden von Telefonaten im öffentlichen Raum,
- Phishing,
- Mithören von Gesprächen im öffentlichen Raum (z. B. Flugzeug, Zug, Café, Outdoor-Präsentation),
- Aufzeichnen des Datenflusses aus ungesicherten WLAN -, UMTS-, GPRS- und Bluetooth-Verbindungen,
- Mitlesen im öffentlichen Raum (z. B. Flugzeug, Zug, Café, Outdoor-Präsentation) und
- Auslesen von verlorenen/gestohlenen Laptops, Smartphones, Sticks etc.

die größten Bedrohungen für die Unternehmen dar und sollten damit die größte Bedeutung beim Schutz der mobilen Kommunikation erfahren. Hingegen stellen folgende Leckagen die geringste Bedrohung und damit Bedeutung für die Unternehmen dar:

- Auslesen von liegen gebliebenen nichtelektronischen Unterlagen im nichtöffentlichen Raum (Büro vs. privat)
- „Abhören"/Mitschneiden VoIP-Kommunikation
- Abfangen von umgeleiteten SMS ohne Weiterleiten
- Mitlesen von SMS
- Mitlesen von FTP-Datensendungen
- Auslesen von umgeleiteten FTP-Sendungen

4.4.4 Einfluss der Sektorenzugehörigkeit

Weiter ist der Einfluss der Sektorenzugehörigkeit zu untersuchen. D.h., ob die Unternehmen ein anderes Antwortverhalten danach gezeigt haben, wenn sie Industrie-, Handels-, Dienstleistungs- oder Handwerksbetrieb bzw. Freiberufler sind.

Hierzu wurden die Mittelwerte zu den beiden Variablen Eintrittswahrscheinlichkeit und Schaden bei Eintritt nach den Sektoren differenziert. Zur visuellen Auswertung wurde ebenso auf die obigen Diagramme („Eintrittsrisiko-Schadens-Portfolio") zurückgegriffen. Allerdings wurde je Leckage ein Diagramm erzeugt, in dem die Positionen der Bedeutung hervorgehen, die die Unternehmen der o. g. Sektoren der Leckage beimessen. Die folgende Abbildung zeigt dies – beispielhaft – für die Leckage „Mitlesen von Emails" (Leckage Nr. 13 im Befragungsbogen):

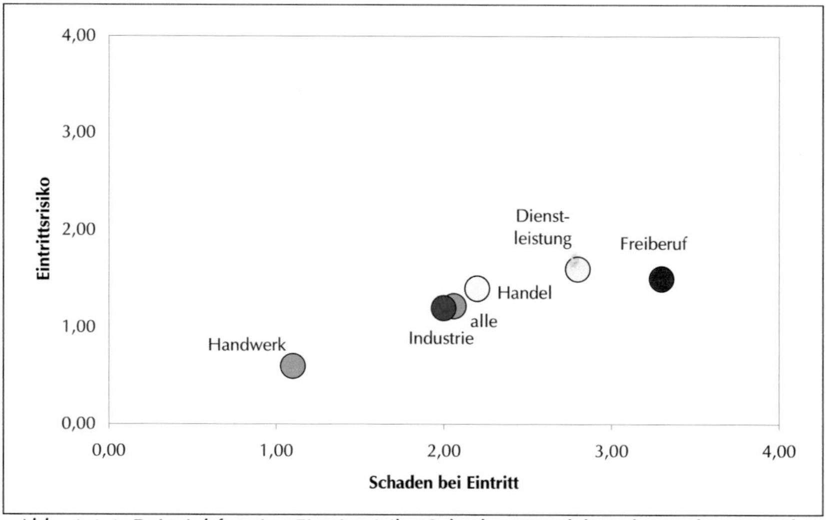

Abb. 4.4.4: Beispiel für ein „Eintrittsrisiko-Schadens-Portfolio" der Leckage „Mitlesen von Emails", differenziert nach Sektorenzugehörigkeit der Unternehmen

Nunmehr entstehen auf diesem Wege 26 Diagramme (= 26 Leckagen). Um die Lesbar- und Übersichtlichkeit hier zu erhalten, sind die Diagramme im Anhang zusammengestellt. Dort findet sich auch die tabellarische Übersicht über die Mittelwerte. An dieser Stelle sollen nur die zentralen Ergebnisse wiedergegeben werden. So ergibt sich aus der Analyse der Diagramme:

- Für 20 der 26 Leckagen weisen die Freiberufler signifikant größere Bedeutung auf, als alle anderen Gruppen, die Handwerksbetriebe in gleicher Weise eine geringere Bedeutung. Freiberufler scheinen somit den Gefahren durch Leckagen in der mobilen Kommunikation mehr Bedeutung beizumessen, als die anderen Unternehmen. Entsprechend umgekehrt verhält es sich bei den Handwerksbetrieben.
- Dabei ist zudem auffällig, dass die Freiberufler insbesondere den Schaden für das Unternehmen / Büro durchgängig größer einschätzen, als die anderen Betriebe. Dies mag dadurch begründet sein, dass Freiberufler auch mobil mit vertraulichen und für ihre Arbeit wichtigen Informationen umgehen. Ein Umstand, der im Handwerk gegenteilig ist.
- Unternehmen des Handels und der Industrie weichen generell bei allen Leckagen nur gering von der Position aller Befragten ab. Dies mag durch den hohen Anteil von Handels- bzw. Industriebetrieben im Sample und damit durch die Dominanz dieser Gruppen bedingt sein. Gleichwohl fällt auf, dass sich Industrie und Handel sehr ähnlich zum Risiko äußern, die Einschätzung zum Schaden in der Industrie - erwartungsgemäß – generell etwas über der aus dem Handel liegt.
- Weiter ist bei einigen Leckagen (z. B. Shoulder Surfing, Mitlesen von Emails, Auslesen umgeleiteter Emails ohne Weiterleitung) ein große Streuung zwischen den Gruppen auffällig. Diese Streuung zeigt sich aber weniger in den Mittelwerten zur Variable Eintrittsrisiko, sondern vielmehr zur Variable Schaden. Auch hier scheint das oben Gesagte zu gelten: Die Qualität, ggf. die Brisanz der Informationen in der mobilen Kommunikation ist zwischen den Gruppen unterschiedlich und damit auch der mögliche Schaden beim Eintritt: Bei Freiberuflern und Dienstleistern ist er tendenziell hoch, im Handwerk tendenziell gering.
- Für diejenigen Leckagen, die ohnehin geringe Bedeutung erlangen (z. B. Mitlesen von FTP-Datensendungen) liegen die Positionen zu den einzelnen Sektoren / Gruppen erwartungsgemäß sehr nahe beieinander.

4.4.5 Einfluss der Unternehmensgröße

Wie zuvor bei der Sektorenzugehörigkeit, soll im Folgenden der Einfluss der Unternehmensgröße auf die Einschätzungen der Unternehmen analysiert werden. Ebenso in gleicher Weise wurden daher 26 Diagramme (eines je Leckage) erstellt, und jeweils darin die Differenzen zwischen den Gruppen unterschiedlicher Mitarbeiterzahl (s. o. Mitarbeiterklassen) differenziert.

Die folgende Abbildung zeigt dies – beispielhaft – für die Leckage „Auslesen von liegen gebliebenen nichtelektronischen Unterlagen im öffentlichen Raum (Windstoß, Flugzeug, Zug...)" (Leckage Nr. 24 im Befragungsbogen). Ansonsten wurden wie zuvor die Diagramme im Anhang zusammengestellt. Hier werden die zentralen Erkenntnisse aus der visuellen Analyse genannt.

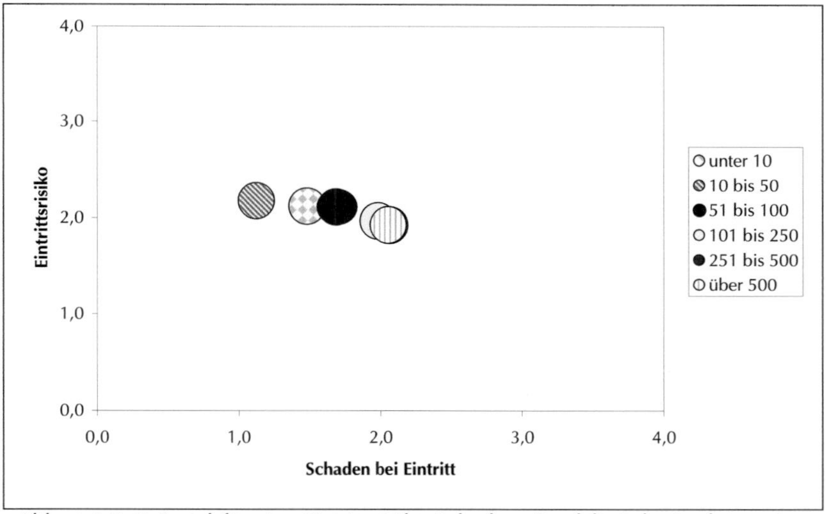

Abb. 4.4.5: Beispiel für ein „Eintrittsrisiko-Schadens-Portfolio" der Leckage „Auslesen von liegen gebliebenen nichtelektronischen Unterlagen im öffentlichen Raum (Windstoß, Flugzeug, Zug...)", differenziert nach Unternehmensgröße / Mitarbeiterzahl (Klasseneinteilung s. o.)

Daraus kann Folgendes festgehalten werden:

- Generell ist der Einfluss der Unternehmensgröße auf die Einschätzungen der Unternehmen zu Eintrittsrisiko eines Schadens und Schaden bei Eintritt nicht signifikant.
- Bei 14 der 26 Leckagen ist bei größeren Unternehmen ein leicht höherer Wert für die Schadenseinschätzung gegenüber kleinen Betrieben zu erkennen (z. B. bei „Aufzeichnung des Datenflusses aus ungesicherten WLAN-, UMTS-, GPRS- und Bluetooth-Verbindungen"). Dies war auch nicht anders zu erwarten, wenn auch nicht in dieser schwachen Ausprägung.

- Für diejenigen Leckagen, die ohnehin geringe Bedeutung erlangen (z. B. Mitlesen von FTP-Datensendungen) liegen die Positionen der einzelnen Gruppen erwartungsgemäß sehr nahe beieinander.
- Aber auch bei einigen Leckagen mit großer Bedeutung (z. B. Phishing, Abfangen fehlgeleiteter Fax-Sendungen, Auslesen umgeleiteter Emails) findet sich diese Konsistenz.

4.4.6 Zusammenfassung

Zur Methodik

Es wurde untersucht, welche Bedeutung in den Unternehmen den verschiedenen Leckagen in der mobilen Kommunikation beigemessen wird. Dazu wurden vorab folgende Festlegungen getroffen:

- Die Bedeutung der Leckage für die Unternehmen wurde synonym aus der Bedrohung durch diese abgeleitet. Dabei wurde Bedeutung / Bedrohung durch zwei Variablen operationalisiert: „Eintrittsrisiko" (Wahrscheinlichkeit) eines Schadens aus der Leckage im Unternehmen und „Schaden bei Eintritt", also die Konsequenzen für das Unternehmen, wenn die Leckage tatsächlich auftritt.
- Beide Variablen wurden entlang eines 5-Stufen-Ratings bei den Unternehmen als subjektive Einschätzung für jede der 26 Leckagen der mobilen Kommunikation abgefragt.
- Zudem wurden Sektorenzugehörigkeit und Unternehmensgröße (entlang der Mitarbeiterzahl) erfasst.
- Die Bedeutung wurde für die beiden o. g. Variablen in Diagrammen, „Eintrittsrisiko-Schadens-Portfolios" visualisiert und darüber ausgewertet.
- Darin konnten vier Felder identifiziert werden, die Aussagen über die Bedeutung der darin sich wieder findenden Leckagen zulassen:
    - Quadrant „gefährlich": Rechts oben im Diagramm befinden sich Leckagen, die sowohl hohes Eintrittsrisiko für einen Schaden, wie auch großen Schaden im Falle eines Eintritts aufweisen. Solche Leckagen stellen eine besonders große Bedrohung und somit auch Bedeutung für die Unternehmen dar.
    - Quadrant „unerheblich": Links unten im Diagramm befinden sich Leckagen, die sowohl geringes Eintrittsrisiko für einen Schaden wie auch geringen Schaden im Falle des Eintritts aufweisen. Solche Leckagen

stellen nur eine geringe Bedrohung und somit auch Bedeutung für die Unternehmen dar.

- Quadranten „lästig" und „riskant": Die Bedeutung derjenigen Leckagen, die sich in den Quadranten links oben und rechts unten wieder finden, wird nur von einer der beiden Variablen (Eintrittsrisiko oder Schaden) angetrieben. Entweder entsteht die Bedrohung durch das hohe Eintrittsrisiko für einen Schaden bei vergleichsweise geringem Schaden pro Fall: Die Zahl der zu erwartenden Fälle macht die Bedrohung aus. Oder es sind zwar recht unwahrscheinliche, aber bei Eintritt mit erheblichen Konsequenzen verbundene, seltene Fälle, die die Bedrohung ausmachen.

- Zudem wurde ein Maß für die Bedeutung geschaffen, indem die Mittelwerte zu den beiden Variablen miteinander verbunden wurden: einmal euklidisch, einmal einfach summarisch (City-Block-Verfahren).

Ergebnisse

Das 332 Unternehmen umfassende Sample besaß im Umfang, wie auch in der Verteilung der Mitarbeiterzahlen und der Sektorenzugehörigkeit eine sehr ähnliche Struktur, ähnlich dem Sample der Untersuchung zuvor.

Die 26 Leckagen fanden sich in folgenden Quadranten wieder:

- Quadrant „gefährlich": Die Leckagen „Mitlesen von SMS" (Nr. 3) und „Auslesen von Daten aus verlorenen Handys, Sticks etc." (Nr. 16) haben eine sehr große Bedeutung für die Unternehmen. Sie weisen sowohl ein erhöhtes Eintrittsrisiko als auch einen erheblichen Schaden bei Eintritt auf.

- Quadrant „lästig": Die Leckagen „PC Auslesen über Trojaner/Viren etc.", „Mitlesen von geöffneten, aber dennoch weitergeleiteten oder fehlgeleiteten Postsendungen" und „Auslesen von verlorenen/gestohlenen Laptops, Smartphones, Sticks etc." bedeuten nur mäßig großen Schaden bei Eintritt. Dagegen ist ein Schaden sehr wahrscheinlich. Somit haben diese Leckagen eine große Bedeutung für die Unternehmen.

- Quadrant „riskant": Gleiche Bedeutung ist den Leckagen „Mitlesen von Emails", „Mithören von Gesprächen im nichtöffentlichen Raum (Büro vs. privat)", „Mitlesen im öffentlichen Raum (z. B. Flugzeug, Zug, Café, Outdoor-Präsentation)" und „Mithören/-schneiden von Telefonaten im öffentlichen Raum" zuzumessen, die zwar nur ein geringes Eintrittsrisiko, aber im Eintrittsfall einen großen Schaden mit sich bringen.

- Quadrant „unerheblich“: Die Leckagen „„Abhören“/Mitschneiden VoIP-Kommunikation“, „Mitlesen im nichtöffentlichen Raum (z. B. Büro vs. privat)“ „Abfangen von fehlgeleiteten Fax-Sendungen“, „Mithören/-schneiden von Telefonaten im nichtöffentlichen Raum (Büro vs. privat)“ und „Abfangen von um- oder fehlgeleiteten Postsendungen (ohne Weiterleitung)“ besitzen aufgrund des geringen Eintrittsrisikos und des geringen Schadens im Eintrittsfall keine Bedeutung für die Unternehmen.

Hiernach stellen die Leckagen...

- Mithören/-schneiden von Telefonaten im öffentlichen Raum,
- Phishing,
- Mithören von Gesprächen im öffentlichen Raum (z. B. Flugzeug, Zug, Café, Outdoor-Präsentation),
- Aufzeichnen des Datenflusses aus ungesicherten WLAN -, UMTS-, GPRS- und Bluetooth-Verbindungen,
- Mitlesen im öffentlichen Raum (z. B. Flugzeug, Zug, Café, Outdoor-Präsentation) und
- Auslesen von verlorenen/gestohlenen Laptops, Smartphones, Sticks etc.

die größten Bedrohungen für die Unternehmen dar und sollten damit die größte Bedeutung beim Schutz der mobilen Kommunikation erfahren. Hingegen stellen folgende Leckagen die geringste Bedrohung und damit Bedeutung für die Unternehmen dar:

- Auslesen von liegen gebliebenen nichtelektronischen Unterlagen im nichtöffentlichen Raum (Büro vs. privat)
- „Abhören“/Mitschneiden VoIP-Kommunikation
- Abfangen von umgeleiteten SMS ohne Weiterleiten
- Mitlesen von SMS
- Mitlesen von FTP-Datensendungen
- Auslesen von umgeleiteten FTP-Sendungen

Es konnte ferner ein Einfluss der Sektorenzugehörigkeit auf die Ergebnisse festgestellt werden:

- Bei fast allen Leckagen weisen die Freiberufler signifikant größere Bedeutung auf, als alle anderen Gruppen, die Handwerksbetriebe in gleicher Weise geringere Bedeutung. Freiberufler scheinen somit den Gefahren durch Leckagen in der mobilen Kommunikation mehr Bedeutung beizumessen, als die anderen Unternehmen. Entsprechend umgekehrt verhält es sich bei den Handwerksbetrieben.

- Dabei ist auffällig, dass die Freiberufler insbesondere den Schaden für das Büro durchgängig größer einschätzen, als andere Betriebe. Dies mag darin begründet sein, dass Freiberufler mobil häufig mit vertraulichen / brisanten Informationen umgehen – im Gegensatz zum Handwerk.
- Unternehmen des Handels und der Industrie weichen generell bei allen Leckagen nur gering von der Position aller Befragten ab. Dies mag durch den hohen Anteil von Handels- bzw. Industriebetrieben im Sample und damit durch die Dominanz dieser Gruppen bedingt sein. Gleichwohl fällt auf, dass sich Industrie und Handel sehr ähnlich zum Risiko äußern, die Einschätzung zum Schaden in der Industrie - erwartungsgemäß – generell etwas über der aus dem Handel liegt.
- Weiter ist bei einigen Leckagen (z. B. Shoulder Surfing, Mitlesen von Emails, Auslesen umgeleiteter Emails ohne Weiterleitung) eine große Streuung zwischen den Gruppen auffällig. Diese Streuung zeigt sich aber weniger in den Mittelwerten zur Variable Eintrittsrisiko eines Schadens, sondern vielmehr zur Variable Schaden. Auch hier scheint das oben Gesagte zu gelten: Die Qualität, ggf. die Brisanz der Informationen in der mobilen Kommunikation ist zwischen den Gruppen unterschiedlich und damit auch der mögliche Schaden bei Eintritt: Bei Freiberuflern und Dienstleistern ist er tendenziell hoch, im Handwerk tendenziell gering.
- Für diejenigen Leckagen, die ohnehin geringe Bedeutung erlangen (z. B. Mitlesen von FTP-Datensendungen) liegen die Positionen zu den einzelnen Sektoren / Gruppen erwartungsgemäß sehr nahe beieinander.

Dagegen konnte ein Einfluss der Unternehmensgröße auf die Einschätzungen der Unternehmen zu Eintrittsrisiko und Schaden bei Eintritt nicht festgestellt werden. Nur bei 14 der 26 Leckagen ist bei größeren Unternehmen ein – zudem sehr gering – höherer Wert für die Schadenseinschätzung gegenüber kleinen Betrieben zu erkennen (z. B. bei „Aufzeichnung des Datenflusses aus ungesicherten WLAN-, UMTS-, GPRS- und Bluetooth-Verbindungen").

4.5 Beobachtungen im öffentlichen Raum

Design

Das aktive Mithören von persönlichen Gesprächen und Handy-Telefonaten sowie das gezielte Mitlesen von Informationen auf mobilen Kommunikationsgeräten wie Laptops oder Smartphons in der Öffentlichkeit sind Leckagen, die leicht im täglichen Leben wahrgenommen werden können.

Ziel der Beobachtungen war es, Geschäftsleuten in typischen Situationen im öffentlichen Raum zu begegnen und diese beim Gespräch und Gebrauch ihrer mobilen Kommunikationsgeräte zu beobachten sowie Informationen über deren Kommunikationsinhalte zu sammeln. So entsteht eine Illustration, welche Informationen über die Leckagen im öffentlichen Raum dem aufmerksamen Beobachter zugänglich sind. Dazu wurden drei Beobachtungsräume ausgewählt. Es handelt sich um:

- Wartebereich der Flughäfen Berlin-Tegel, Stuttgart, München und Köln sowie auf Flügen (4 Termine)
- ICE-Großraum-Abteile der 1. Klasse und im Restaurant in Zügen der Deutschen Bahn auf der Strecke Berlin – Dortmund und Berlin – Hamburg bzw. der „Sprinter“ auf der Strecke Berlin – Frankfurt (Main) (4 Fahrten, 1h 25 min, 3 ½ h, 5h je nach Strecke).
- 2 Restaurants am Kürfürstendamm in Berlin, die zum Mittag vorwiegend von Geschäftsleuten besucht wurden (4 Termine).

Die Beobachtungen wurden in der Zeit vom April bis Juli 2010 von zwei Untersuchenden, Mitarbeitern des Deutschen Instituts für kleine und mittlere Unternehmen, vorgenommen. Sie hatten keine technischen Hilfsmittel zur Verfügung und haben sich von anderen Reisenden im Verhalten nicht unterschieden. Sie hatten keinen direkten verbalen Kontakt zu den abgehörten Personen und haben auch keine Anstrengungen unternommen, die Informationen zu bekommen. Vielmehr wurde diskret beobachtet und dabei versucht, Informationen über Gesprächsinhalte und die Nutzung der mobilen Kommunikationsmittel bzw. deren Inhalte zu erhalten. Bereits während des Vorgangs wurden Protokolle über die Thematik der Gespräche angefertigt, allerdings ohne Namen oder Informationen zu notieren, die einen Rückschluss auf die Personen oder ihre Institution zuließ. Details wurden auf allgemeine Begriffe abstrahiert, die einzelnen Inhalte aus Diskretionsgründen nicht protokolliert.

Ergebnisse

In jeder der oben genannten Beobachtungen war es den Mitarbeitern des Instituts möglich, sensible Informationen aus dem privaten und geschäftlichen Bereich von Geschäftsleuten zu sammeln. Die mitgehörten Informationen lassen sich nach Art der Kommunikation und Nutzung der Kommunikationsmittel unterscheiden. So konnten folgende Beobachtungen zum Mithören von persönlichen Gesprächen, zum Mithören von Handy-Kommunikationen und dem Mitlesen von Informationen auf Laptops bzw. anderen Kommunikationsgeräten wie Smartphons, PDAs, Blackberries gemacht werden:

Informationen, die durch das Mithören von Handy-Gesprächen gesammelt wurden, lassen sich unterscheiden in...

- Privates (Die Spannbreite der privaten Gespräche umfasst Informationen zu privaten Erlebnissen in der Freizeit, zu Freundes- und Familienkreis, zu Krankengeschichten bis hin zum Liebesleben.)
- Geschäftliches (Hier konnten Informationen gesammelt werden aus den Bereichen Weiterbildung, aktuelle Angebotserstellung, Stand von Verhandlungen, Austausch über Kundengespräche, Projektpläne, Terminplanungen etc.)

Informationen, die durch das Mithören von Handy-Gesprächen gesammelt wurden, lassen sich beschreiben mit...

- Ortsangaben und Terminabsprachen (Hierunter fallen typischerweise Aussagen wie „Sie erreichen mich im Zug... ja ich bin irgendwo zwischen Wolfsburg und Hannover ... wenn es keine neue Verspätung gibt, können wir uns um 18:00 treffen... Ja, ich komme zum Infopoint.")
- Privates (Informationen zu privaten Erlebnissen in der Freizeit, zu Freundes- und Familienkreis, zu Krankengeschichten bis hin zum Liebesleben.)
- Geschäftliches (Hierzu gehören wieder Informationen zu Terminplanungen, Projektplänen, aktuellen Angebotserstellungen, zum Stand von Verhandlungen, in Form von Kundengesprächen, Service-Anweisungen, etc.. Dazu kommen Informationen in Form von Beschreibungen des Büros bzw. PC zum Auffinden von Akten oder Dateien. In einem Fall konnte eine Krisensituation mitgehört werden, in der der Geschäftsmann das Abspringen eines wichtigen Kunden zu verhindern suchte.)

Informationen, die durch das Mitlesen von Dokumenten auf dem Laptop oder anderen mobilen Kommunikationsgeräten gesammelt wurden, lassen sich differenzieren in:

- Filme und Unterhaltung (Typisch Spielfilme, Serien oder Spiele)
- Private Dokumente (E-Books, Briefe, Fotos von Freunden, Familie oder von Privatreisen)
- Geschäftliche Dokumente (Gutachten, interne Berichte, Kalkulationstabellen, Powerpoint-Präsentationen, Projektanträge, etc.)
- E-Mails (geschäftlich wie privat)

Auf einer Zugfahrt überließen zwei Geschäftsleute dem Untersuchenden ihre Laptops zur „Bewachung", während sie in das Board-Restaurant gingen. Der Untersuchende hätte in dieser zeit leicht die mobilen Geräte auslesen können (was allerdings nicht geschah).

Das Sammeln von Informationen durch „Mithören" bzw. durch „Mitlesen" ist sehr unterschiedlich schwer: So ist das Mithören von sensiblen Informationen bei normaler Stimmlage der Geschäftsleute in einem Umkreis von zwei bis drei Metern problemlos möglich. Nur in weniger Fällen wird in einem direkten Gespräch oder Telefonat die Stimme gesenkt bzw. die Hand als Sprachschutz vor Mund oder Handy gelegt.

Das Mitlesen setzt eine größere Nähe zum Kommunizierenden voraus. Diese ist im Wartebereich des Flughafens nur gegeben, wenn ein Sitzplatz in direkter Nachbarschaft eingenommen wird. Im Restaurant ist ein Mitlesen nur möglich, wenn ein Tisch geteilt wird und hier nebeneinander gesessen wird. Das Mitlesen erfordert des Weiteren eine Leseposition, die den Geschäftsleuten und ihren Geräten stark zugewandt ist, im Extremfall muss sich der Leser sogar vorbeugen, um einen Blick auf den Bildschirm werfen zu können. Dabei gilt: Je kleiner die mobilen Kommunikationsgeräte sind, umso schwerer fällt das Mitlesen.

Auch die ausgewählten Beobachtungsräume unterscheiden sich im Ausmaß ihrer „Leckagen-Gefahr". So befinden sich in Restaurants zur Mittagszeit sowie auf Flügen weniger Laptops als im Zug und im Wartebereich von Flughäfen. Dafür nimmt die Lautstärke der Gespräche und Telefonate im Restaurant zu, weil die allgemeine Geräuschkulisse beim Mittagstisch zum Anheben der Stimme des Redenden führt.

Im Zug befinden sich im Vergleich zu den anderen Beobachtungsräumen die meisten Laptop-Nutzer. In drei Fällen konnten durch die Beobachter die aufgerufenen Inhalte von aufgeklappten Laptops wegen Sichtschutz bzw. Schichtschutzfolie nicht eingesehen werden, obwohl sie sich direkt neben dem Laptop-Besitzer befanden.

Durch Störungen im Handynetz werden im Zug viele Gespräche ungewollt unterbrochen und sind meist auf wenige Informationen beschränkt. Auch scheint hier das Bewusstsein der Geschäftsleute, das Menschen mithören oder mitlesen können, höher als z.B. im Wartebereich des Flughafens und in den Restaurants. Dort wurde mehrfach beobachtet, wie Personen ihren Sitzplatz verließen, um sich für ein Gespräch in einen ungestörten Bereich zurückzuziehen.

Fazit

Im Flughafen-Wartebereich, im Flugzeug, im Zug und in Restaurants werden Gespräche geführt und kommen mobile Kommunikationsgeräte zum Einsatz. So können Informationen meist problemlos abfließen. Je größer die Distanz zwischen Kommunikationsgerät bzw. Person und dem Beobachter, desto kleiner die Möglichkeit, Zugriff auf Informationen zu erhalten. Aber auch das Verhalten der Geschäftsleute nimmt Einfluss auf die Leckage-Wahrscheinlichkeit: In der Handy-Kommunikation sind das aktive Abwenden, das Senken der Stimme, das Verlassen der räumlichen Nähe zu potentiellen Mithörern bzw. der Verzicht auf Austausch von sensiblen Informationen erfolgreiche Schutzmaßnahmen.

5 Managementprozess zum Schutze der Vertraulichkeit in der mobilen Kommunikation

5.1 Ziel und Anwendungsbereich

Von der Leckage zum Managementprozess

Die Ausführungen in den Kapiteln zuvor zeigten, dass es in jeglicher Art der mobilen Kommunikation, sei es in der Tele-, der mobilen Internet- oder persönlichen bzw. postalischen Kommunikation Leckagen gibt, die zum Verlust vertraulicher Informationen an – unberechtigte – Dritte führen können. Die Leckagen sind in ihrer Art – jenseits der Grundformen Auslesen, Mithören/-lesen, Umleiten – sehr vielfältig wie auch die Gegebenheit, zu der die Leckage auftritt (s. o. Kapitel 2 und 3).

Ferner haben die empirischen Erhebungen zuvor gezeigt, dass gerade die kleinen die Unternehmen in Deutschland nur vereinzelt und nicht systematisch Schutzmaßnahmen ergreifen, um die Vertraulichkeit in der mobilen Kommunikation zu erhalten (zur breiten Auslegung des Begriffs siehe Kapitel 2.2). Je kleiner die Unternehmen, desto geringer sind Zahl und Umfang der Schutzmaßnahmen sowie die Bereitschaft, Maßnahmen zum Schutz der Vertraulichkeit zu ergreifen (vgl. Kapitel 4.3). Welch großer Bewusstseinsmangel bei Geschäftsleuten für das Problem besteht, zeigten die bisherigen Studien (vgl. Kapitel 2.3) und die Beobachtungen in Kapitel 4.5.

Dem gegenüber zeigte die Empirie aber auch, dass die Bedrohung durch Leckagen und damit die Bedeutung dieser für die Unternehmen nicht von der Größe, sondern von dem Sektor (z. B. Handwerk vs. Freiberuf) abhängt, die Bedrohung also auch für kleine Unternehmen in gleicher Weise wie für große gilt (vgl. Kapitel 4.4).

Also haben gerade kleine und mittlere Unternehmen einen erheblichen Nachholbedarf, Vertraulichkeit in der mobilen Kommunikation zu schützen. Da aber die Schutzmaßnahmen ebenso vielfältig sind wie die Leckagen und Anlässe, reicht es nicht aus, hier und da mit einigen Maßnahmen nachzubessern.

Vielmehr sind im Unternehmen systematisch die Leckagen zu identifizieren und geeignete Maßnahmen, auch übergreifend auszuwählen und zu installieren. Dies ist sowohl auf die verhaltens- wie technisch bedingten Leckagen anzuwenden. Zudem ist nach diesem einmaligen oder regelmäßig zu wiederholenden Vorgang die Umsetzung und Einhaltung der Schutzmaßnahmen kontinuierlich zu kontrollieren.

Alles dies zusammen führt zu einem Planungs-, Anwendungs- und Kontrollprozess zum Schutze der Vertraulichkeit in der mobilen Kommunikation. Ein solcher Prozess wird im Folgenden vorgestellt. Er soll den Unternehmen eine Anleitung sein, systematisch das Gesamtproblem des Schutzes der Vertraulichkeit in der mobilen Kommunikation zu erfassen und zu lösen.

5.2 Zur Anwendbarkeit des Managementprozesses in der Praxis – der „Vorabcheck“

Dabei muss der Prozess intuitiv nachvollziehbar und leicht anzuwenden sein, damit er in der Praxis angenommen wird. Denn er ist zunächst ein formaler Prozess, der den Unternehmern einen Leitfaden an die Hand gibt, die vorhandenen Leckagen und damit Gefahren im Unternehmen zu entdecken und Maßnahmen auszuwählen sowie deren Anwendung zu kontrollieren. Daher bringt er – wie jedes andere Managementkonzept auch – organisatorischen und damit Arbeitsaufwand mit sich.

Die Befragungen in Kapitel 4 hatten gezeigt, dass gerade kleine Unternehmen einen solchen Aufwand scheuen, u. U. für unangemessen halten. Daher stellt sich die Frage, für welche Unternehmen der im Folgenden vorgestellte Managementprozess geeignet erscheint und für welche nicht. Zwar kann diese Frage hier nicht abschließend beantwortet werden, allerdings lassen sich einige Indikatoren für die Entscheidung nennen…

- *Die Branche, der Sektor:* Die Erhebungen zuvor hatten gezeigt, dass z. B. im Handwerk der Bedarf für systematischen Schutz geringer ist, als z. B. bei Freiberuflern oder Dienstleistern. Grund hierfür ist die Vertraulichkeit der mobil geführten und ausgetauschten Information und die Bedeutung dieser Informationen für das Unternehmen, die Geschäfte und die Kunden. Freiberufler verwenden per se mehr brisante Informationen in der mobilen Kommunikation, als es im Handwerk der Fall ist.
- *Grundlegender Anteil vertraulicher Informationen im Unternehmen:* Das Kriterium zuvor geht mit der Zahl und dem Umfang vertraulicher Sachverhalte und Informationen einher. Ein Unternehmen, dass im üblichen

Geschäftsverkehr ohnehin keine geheimen Informationen verwendet (z. B. Handel mit Standardprodukten zu Festpreisen), steht dem Unternehmen gegenüber, dessen Geschäfte einen hohen Schutz von Kunden und Geschäftspartnern verlangt (z. B. wissensbasierte Dienstleister, wie Rechtsanwalt, Wirtschaftsprüfer, Strategieberater, Banken).

- *Quantitativer Anteil mobiler Kommunikation:* Der Anteil mobiler Kommunikation an der Gesamtkommunikation in den Geschäftsprozessen (Zahl und Leistungsumfang/Komplexität der mobilen Geräte, Umfang des mobilen Informationsaustausches). Es ist offensichtlich, dass die Bedrohung mit dem Anteil steigt. Unternehmen mit einem umfangreichen Außendienst und Reiseaufkommen sind z. B. eher geeignet, den Managementprozess anzuwenden, als Betriebe, die keinen Außendienst besitzen.
- *Umgangsformen in der Branche:* Es mag Branchen geben, in denen der gezielte Versuch, an vertrauliche Informationen des Wettbewerbers, des Lieferanten oder Kunden häufiger vorkommt, als in anderen Branchen, wie auch die Zuverlässigkeit der Mitarbeiter zwischen den Branchen schwanken mag. So haben Studien zur Wirtschaftskriminalität gezeigt, dass Banken und Bauunternehmen tendenziell eher indiskrete Mitarbeiter besitzen, als z. B. in der Wirtschaftsprüfung oder im Handel.
- Weitere besondere Bedingungen: Darüber hinaus können einige Bedingungen genannt werden, unter denen der systematische Schutz vertraulicher Informationen zusätzliche Bedeutung erlangt: So z. B. in international tätigen Unternehmen, in Netzwerk-Unternehmen, F&E-orientierten Unternehmen und in großen, in der Öffentlichkeit stehenden Unternehmen wie auch in „systemrelevanten" Unternehmen wie Banken.

Die obige Aufstellung kann nur eine grobe Orientierung geben. Daher erkennt der Verfasser der vorliegenden Schrift den Bedarf für einen „Vorabcheck" in Unternehmen, ob sie Managementprozess betreiben sollten oder nicht. Diese sollte sich an den o. g. Kriterien orientieren.

Der im Folgenden vorgestellte Managementprozess ist einfach und mit wenigen Schritten durchführbar. Er ist als Leitfaden zu verstehen, wo und wie Vertraulichkeit in der mobilen Kommunikation erreicht werden kann. In sofern dürfte er nur für wenige Unternehmen nicht geeignet sein. Denjenigen Unternehmen, die sich jedoch hierzu zählen, sei angeraten, zumindest einige Elemente (z. B. Situationsanalyse, Einzelmaßnahmen) zu übernehmen.

5.3 Der Management-Planungsprozess

Der Planungsprozess zum Schutz der Vertraulichkeit wird hier an den in der Literatur wiederholt vorgestellten Planungsprozessen entlang aufgestellt. Folglich umfasst er die Schritte:

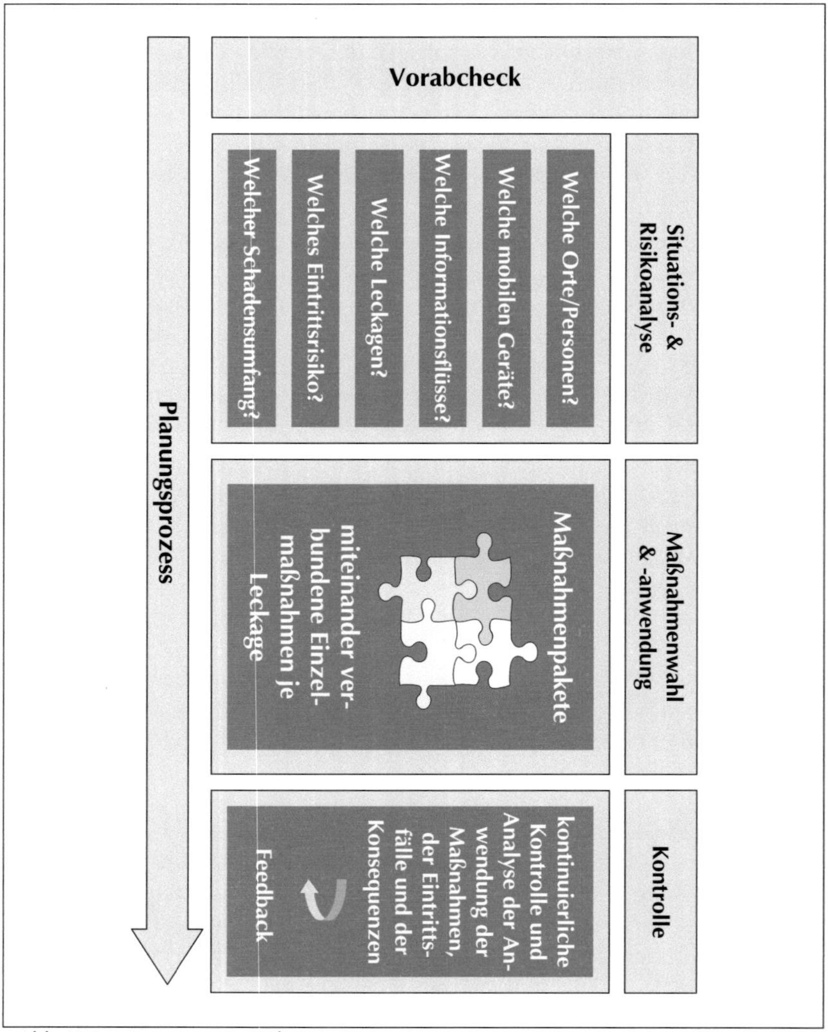

Abb. 5.1: Management – Planungsprozess

- Situationsanalyse, die hier um eine Risikoanalyse erweitert wird: Identifikation und Bewertung der unternehmensindividuellen Leckagen und Bewertung der Bedrohung dieser für das Unternehmen.
- Festlegung der Schutzmaßnahmen und deren Umsetzung, sowohl als Gesamtmaßnahmenpakete wie auch als Einzelmaßnahmen passend zu jeder Leckage.
- Kontinuierliche Kontrolle der Anwendung der Schutzmaßnahmen direkt bei den Mitarbeitern (bei verhaltensbedingten Leckagen) und der Technik (bei technisch bedingten Leckagen).

Diesen Schritten ist noch der o. g. Vorabcheck voranzustellen, in dem grundsätzliche gefragt wird, ob sich der Aufwand für den Managementprozess im Unternehmen überhaupt lohnt. Die Schritte sind in der obigen Abbildung 5.1 zusammenfassend gezeigt.

5.4 Situations- und Risikoanalyse

Der erste Schritt – nach einem positiven Vorabcheck (s. o.) – ist die Situations- und Risikoanalyse. Hier werden alle vorhandenen Leckagen der mobilen Kommunikation im Unternehmen identifiziert und bewertet. Dazu sind folgende Fragen zu stellen:

- Welche mobilen Geräte werden im Unternehmen für die Kommunikation genutzt und welche Personen nutzen diese Geräte zu welchem Zweck?

  Zunächst müssen sämtliche mobilen Geräte im Unternehmen katalogisiert werden. Es empfiehlt sich ebenso zu erfassen, inwiefern private Geräte im Firmennetzwerk genutzt werden (Wagner 2007, S. 26). Diese Erfassung dient im Schadensfall der nachträglichen Klärung, falls private und geschäftliche Informationen vermischt wurden. Dabei werden neben Geräten mit Kommunikationsfunktion auch Wechseldatenträger überprüft, inwiefern sie sich zur Kommunikation und Speicherung vertraulicher Informationen eignen. Weiter ist – im gleichen Katalog – festzuhalten, welche Personen die Geräte nutzen, wann und wo sie diese nutzen sowie für welche Aufgaben.

- Welche Personen treiben (mobile) persönliche / postalische Kommunikation für welche Aufgaben, an welchem Ort und zu welchem Zeitpunkt?

  Diese Angaben sind analog zu denen zur ersten Frage – im gleichen Katalog – zu erfassen und festzuhalten.

- Welche Informationen des Unternehmens sind typischerweise davon betroffen und welche Vertraulichkeit besitzen diese?

  Ferner ist zu fragen, welche Informationen typischerweise mit der (mobilen) Nutzung transportiert werden und welche Vertraulichkeit diese besitzen. Kategorien können die sein: streng vertraulich, vertraulich, nicht vertraulich, sowie: nur für internen Gebrauch, nur für Kunden, nur für Geschäftspartner, nur für Geschäftsführung etc. (vgl. Annuscheit 2008).

- Welche Leckagen treten an dieser Stelle auf?

  Ebenso ist zu erfassen, welche Leckagen an der jeweiligen Stelle / am mobilen Gerät auftreten können. Hierzu kann die Aufstellung aus Kapitel 3 (Tabelle 3.1 – strukturierte Übersicht über mögliche Leckagen in der mobilen Kommunikation) als Hilfsmittel herangezogen werden. Sie ist noch einmal als Bild nebenstehend – stark verkleinert – wiederholt (für Sicht auf die Details siehe Abbildung 3.1.):

	Handlungsfeld	Grundform	Leckage	Char.
„mobile Kommunikation“ ↑	Telekommunikation (Handy)	Auslesen	Auslesen von Daten aus verlorenen oder liegen gebliebenen Handys, Sticks etc.	t
			Auslesen durch Hacker über Bluetooth-Einwahl	t
		Mithören /-lesen	Mithören/-schneiden von Telefonaten im öffentlichen Raum	v
			Mithören/-schneiden von Telefonaten im nichtöffentlichen Raum (Büro, privat)	v
			Mitlesen von SMS	t
		Umleiten	Abfangen von fehlgeleiteten Fax-Sendungen	t/v
			Abfangen von umgeleiteten SMS ohne Weiterleiten	t
	Internetkommunikation (Laptop, Netbook + Hardware, Smartphone, Pads)	Auslesen	Auslesen durch Hackereinwahl	t
			Auslesen über Trojaner/Viren etc.	t
			Auslesen von verlorenen/gestohlenen oder liegen gebliebenen Laptops, Smartphones, Sticks etc.	v
		Mitlesen /-hören	Aufzeichnen des Datenflusses aus ungesicherten WLAN -, UMTS-, GPRS- und Bluetooth-Verbindungen	t
			„Abhören“/Mitschneiden VoIP-Kommunikation	t
			Mitlesen von Emails	t
			Mitlesen von FTP-Datensendungen	t
			„Shoulder Surfing“	v
		Umleiten	Phishing	v/t
			Auslesen von umgeleiteten Emails	t
			Auslesen von umgeleiteten FTP-Sendungen	t
↓ „immobile Kommunikation“	Persönliche & postalische Kommunik. Gespräche, Präsentationen Datenträgerweitergabe (CDs, Sticks etc.)	Mithören	Mithören von Gesprächen im öffentlichen Raum (z. B. Flugzeug, Zug, Café, Outdoor-Präsentation)	v
			Mithören von Gesprächen im nichtöffentlichen Raum (Büro, privat)	v
		Mitlesen	Mitlesen im öffentlichen Raum, (z. B. Flugzeug, Zug, Café, Outdoor-Präsentation)	v
			Mitlesen von geöffneten, aber dennoch weitergeleiteten oder fehlgeleiteter Postsendungen	v
			Mitlesen im nichtöffentlichen Raum (z. B. Büro, privat)	v
		Auslesen	Auslesen von liegen gebliebenen von nichtelektronischen Unterlagen im öffentlichen Raum (Windstoß, Flugzeug, Zug, Café)	v
			Auslesen von liegen gebliebenen von nichtelektronischen Unterlagen im nichtöffentlichen Raum (Büro, privat)	v
		Umleiten	Abfangen von um- oder fehlgeleiteten Postsendungen (ohne Weiterleitung)	v

Abb. 5.2: Strukturierter Katalog der Leckagen (verkleinerte Kopie aus Kapitel 3)

- Kann die Bedrohung durch die Leckage für die Unternehmen zumindest grob geschätzt werden?

  Die Einschätzung der Bedrohung / Bedeutung bzw. des Schadensrisikos der einzelnen Leckage ist vom Unternehmen ist – wie oben ausgeführt – sehr schwer. Orientierung kann allerdings das in Kapitel 3.3 bzw. in der Empirie (Kapitel 4.4) gezeigte Vorgehen geben, in dem die Unternehmen aus ihrer individuellen Erfahrung heraus die Leckagen einschätzen und in das Eintritts-Risiko-Schadens-Portfolio eintragen. Für die Interpretation taugt ebenso die Beschreibung der vier Quadranten („lästig", „unerheblich", „gefährlich", „riskant", vgl. Kapitel 3.3). Die folgende Abbildung 5.1 zeigt die Darstellung noch einmal an einem fiktiven Beispiel:

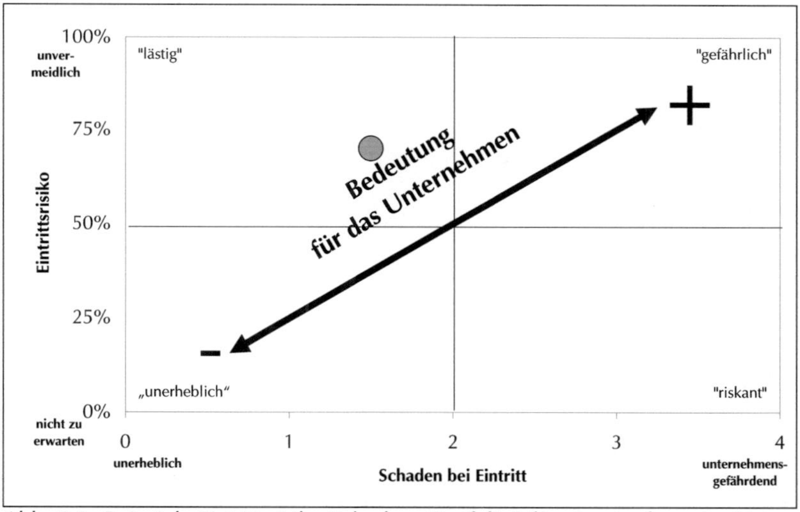

Abb. 5.3: Beispiel „Eintrittsrisiko-Schadens-Portfolio" für eine Leckage im Untenehmen

Eine weitere Orientierung zur Bewertung der Bedrohung / Bedeutung der jeweiligen Leckage wird durch die Unternehmensbefragung II (Kapitel 4.4) anhand gegeben. Danach besitzen – über alle Sektoren und Unternehmensgrößen hinweg – folgende Leckagen die größte Bedrohung für Unternehmen:

- Mithören/-schneiden von Telefonaten im öffentlichen Raum,
- Phishing,
- Mithören von Gesprächen im öffentlichen Raum (z. B. Flugzeug, Zug, Café, Outdoor-Präsentation),
- Aufzeichnen des Datenflusses aus ungesicherten WLAN -, UMTS-, GPRS- und Bluetooth-Verbindungen,
- Mitlesen im öffentlichen Raum (z. B. Flugzeug, Zug, Café, Outdoor-Präsentation) und
- Auslesen von verlorenen/gestohlenen Laptops, Smartphones, Sticks etc.

Hingegen stellen folgende Leckagen die geringste Bedrohung und damit Bedeutung für die Unternehmen dar:

- Auslesen von liegen gebliebenen nichtelektronischen Unterlagen im nichtöffentlichen Raum (Büro vs. privat)
- „Abhören"/Mitschneiden VoIP-Kommunikation
- Abfangen von umgeleiteten SMS ohne Weiterleiten
- Mitlesen von SMS
- Mitlesen von FTP-Datensendungen
- Auslesen von umgeleiteten FTP-Sendungen

Alle Ergebnisse zusammen sollten in einer gemeinsamen Übersicht dokumentiert werden. Die folgende Tabelle 5.1 zeigt hierfür ein Beispiel:

Gerät	**Mitarbeiter**	**Anwendung im Betrieb**	**Information**	**Leckage**	**Bedeutung**
Handy Nr. 3, Smartphone mit Datenbank und freiem Mobilnetzzugang, Zugangssperre und Verschlüsselung	Müller Schulze	Außendienst, Kundenbesuche, Rückrufe, Kundenanrufe	Prospekte (öffentlich) Preise (nur Kunde und Mitarbeiter) Kalkulation (vertraulich, nur Mitarbeiter)	Abhören im öffentlichen Raum, Datentransfer auslesen, Emails Datendiebstahl	sehr groß „Riskant"
...	...	...	...	...	...
...	...	...	...	...	...

Tab. 5.1: Beispiel für einen Katalog zur Erfassung mobiler Geräte und Leckagen

Über einen solchen einfachen Katalog hinaus bieten sich auch aufwändigere Verfahren der Bestandserfassung, -bewertung und -verwaltung an. So entwickelte die Open Mobile Alliance einen Standard, um eine mobile Geräteverwaltung im Unternehmen einzubinden (Bereszewski/Schäfer 2009). Die mobilen Geräte werden dabei ähnlich wie bei der Domain-Anmeldung von PCs integriert. Sind die vorhandenen Geräte in die Verwaltung eingebunden, können durch das „Device Management" sicherheitsrelevante Funktionen zentral gesteuert werden. Dazu gehören u. a.:

- Verwaltung der Applikationen,
- Erstellung von Sicherheitsprofilen,
- Durchführung von Sicherheitsupdates,
- Steuerung der Einwahlmöglichkeiten,
- Übertragung von Backups,
- Regelung der Betriebszeit,
- Sperrung verlorener Geräte aus der Ferne (Schäfer 2008, S. 91).

5.5 Schutzmaßnahmen

Nachdem die mobilen Geräte in den Bestand aufgenommen worden sind und eine Risikoanalyse durchgeführt wurde, müssen anschließend geeignete Schutzmaßnahmen für den Gebrauch mobiler Geräte ergriffen werden.

Dies kann in einzelnen Schutzmaßnahmen je Leckage oder in Konzepten, die aus mehren, aufeinander abgestimmten Schutzmaßnahmen bestehen. Für erstes dient die spätere Aufstellung entlang des o. g. Katalogs möglicher Leckagen. Zunächst soll aber Letzteres hier als in sich geschlossene Maßnahmenkonzepte vorgestellt werden.

- Unternehmensweite Sicherheitsvorschriften und -richtlinien,
- Zugangsberechtigungskonzepte / Identity Management,
- Einsatz von Sicherheitssoftware und Sicherung sensibler Daten.

Dabei greifen beide Herangehensweisen auf die in Kapitel 3 zusammengetragenen Schutzmaßnahmen zurück: Einsatz von Software, „Mechanische" und „bauliche" Maßnahmen, Richtlinien, Mitarbeiterschulung und Workshops, Sicherheitsbeauftragter.

Das Einsetzen von Letzterem allerdings ist nicht als eine „begleitende Maßnahme" zu allen Aktivitäten zum Schutze der Vertraulichkeit anzusehen. Denn jeglicher Vorschlag im Folgenden, ob als komplexes Maßnahmenkonzept oder als Einzelmaßnahme kann durch einen Sicherheitsbeauftragten initiiert, geplant und gesteuert werden. Das Unternehmen muss nach Größe und Bedarf entscheiden, ob es…

- keinen derartigen Sicherheitsbeauftragen benötigt,
- einem Mitarbeiter diese Aufgabe neben seinen sonstigen Aufgaben überträgt,
- die Aufgaben des Sicherheitsbeauftragten den ggf. schon vorhandenen Mitarbeitern für Datensicherheit und -schutz zusätzlich überträgt oder
- einen Mitarbeiter allein für die Aufgaben bestellt.

Unternehmensweite Sicherheitsvorschriften und -richtlinien

In jedem Unternehmen wird das Sicherheitsniveau in der IT vom Sicherheitsbewusstsein der eigenen Mitarbeiter bestimmt (Fox 2003, S. 676). Den Mitarbeitern fehlt es in der IT-Sicherheit jedoch oft an einem ausgeprägten Bewusstsein (KES 2008a). Wie die bisherigen Ausführungen gezeigt haben, gehen Mitarbeiter i. d. R. sorglos mit ihren mobilen Geräten um. Sie schalten Passwörter ab oder verursachen einen Schaden, indem sie ungewollt auf vertrauliche Informationen zugreifen. In den Unternehmen gibt es zudem Mitarbeiter, die ein extrovertiertes Kommunikationsverhalten an den Tag legen. Diese führen geschäftliche Telefonate im Zug oder am Flughafen bewusst durch, um sich dadurch gegenüber den Zuhörern zu profilieren (Eco 2007, S. 83). Zwar wird die Gefahr wohl erkannt, dass sensible Informationen vor Dritten geschützt werden müssen, aber das eigene Verhalten folgt dieser Einstellung nur in seltenen Fällen (Annuscheit 2008, Everett 2007, S. 17).

Die Richtlinien sollten den Mitarbeitern nicht nur verbal mitgeteilt, sondern möglichst schriftlich ausgehändigt werden (Heikkila 2007, S. 23; KES 2008b). Neben allgemeinen Verhaltensrichtlinien in der IT-Sicherheit können auch spezielle Richtlinien für gewisse Wechseldatenträger entwickelt werden (KES 2008b). Für mobile Geräte nutzen derzeit nur ca. 60% der deutschen Unternehmen spezifische Richtlinien (Duscha 2009, S. 28; KES 2008a). Sofern Richtlinien bestehen, führt die reine Existenz noch nicht gleich zu einem besseren Schutz der Vertraulichkeit. Die Richtlinien müssen von allen Mitarbeitern verstanden und „gelebt" werden (Everett 2007, S.

17; Pritchard 2006, S. 30). Denn ein wirksamster Schutz für Unternehmen ist ein aufgeklärter Mitarbeiter (BSI 2008, S. 131).

Unternehmen können diese internen Richtlinien auf unterschiedliche Weise vermitteln. Eine sinnvolle Maßnahme besteht dabei in der Durchführung einer so genannten „Awareness-Kampagne". Hierdurch kann bei den Mitarbeitern eine Sensibilisierung in der mobilen Kommunikation erreicht werden (Fox 2003, S. 678). Ob eine Kampagne im Unternehmen wirksam sein wird, hängt schließlich von der Dauer der Durchführung ab. Denn eine Einstellungsänderung lässt sich nicht innerhalb kurzer Zeit realisieren. Eine Awareness-Kampagne besteht aus vier nacheinander ablaufenden Phasen und wird in Abbildung 5.4 visualisiert:

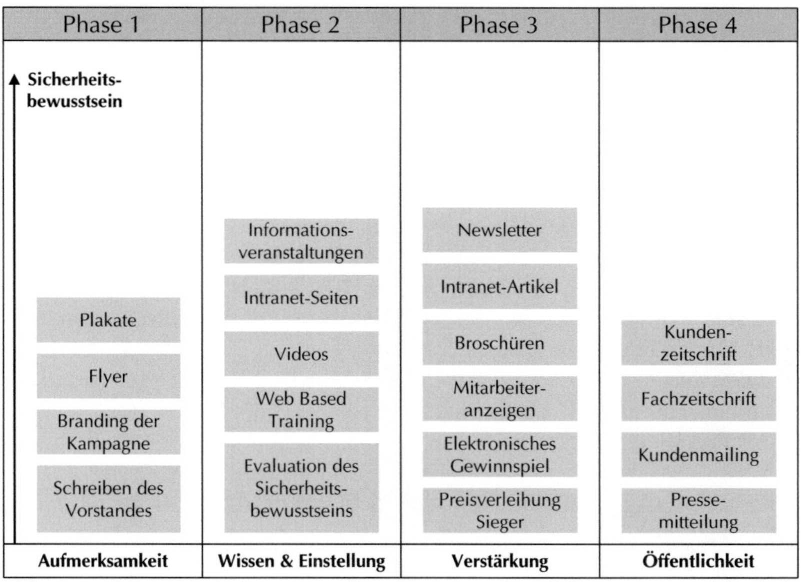

Abb. 5.4: Phasen einer Awareness-Kampagne zur Sensibilisierung von Mitarbeitern (Fox 2003, S. 678)

- *Phase 1 – Aufmerksamkeit:* Die erste Phase besteht darin, bei den einzelnen Mitarbeitern eine Aufmerksamkeit für die notwendigen Richtlinien zu schaffen. Das kann z. B. geschehen, indem an geeigneten Plätzen Plakate oder Flyer zu dieser Thematik angebracht werden.

- *Phase 2 – Wissen & Einstellung:* Die eigentlichen Inhalte der Richtlinien lassen sich in der zweiten Phase durch Schulungen vermitteln (Buschmann 2007, S. 6; Heikkila 2007, S. 23). Mitarbeiterschulungen zum Thema IT-Sicherheit werden bisher nur von wenigen Unternehmen wahrgenommen.
- *Phase 3 – Verstärkung:* Das Ziel der dritten Phase ist es, die Einstellung der Mitarbeiter dauerhaft zu ändern. Hierdurch sollen sie langfristig für die Sicherheit ihrer mobilen Geräte und für die sichere Kommunikation sensibilisiert werden. Unternehmen können dies realisieren, wenn sie regelmäßig über diese Themen im internen Newsletter berichten oder durch spezielle Aktionen die Mitarbeiter motivieren.
- *Phase 4 – Öffentlichkeit(sarbeit):* Die vierte und letzte Phase beabsichtigt, die internen Anstrengungen für mehr Sicherheit in der mobilen Kommunikation nach außen zu tragen. Dies kann durch Hinweise auf der eigenen Website geschehen oder indem in Fachzeitschriften darauf hingewiesen wird.

Letztendlich ist die Sicherheit im Unternehmen stets ein Teil der Unternehmenskultur (Hellisch 2009, S. 27). Wird mittels einer Awareness-Kampagne versucht die Mitarbeiter im Umgang mit mobilen Geräten zu sensibilisieren, stellt dies einen Eingriff in die Unternehmenskultur dar (Hellisch 2009, S. 25; PWC 2009, S. 52). Mit Hilfe der Kampagne sollen schließlich bestehende Verhaltensmaxime in der Informationssicherheit geändert werden, um ein gruppenkonformes Verhalten der Mitarbeiter zu erzeugen. Daher müssen diese konkreten Maßnahmen zur Einhaltung der Sicherheitsrichtlinien gut durchdacht und von den Mitarbeitern unkompliziert umsetzbar sein.

Zugangsberechtigungskonzepte / Identity Management

Das zweite wichtige Maßnahmenkonzept stellen Berechtigungskonzepte für die entsprechenden Zielgruppen dar (Identity Management). Hiermit wird technisch festgelegt, welche Mitarbeiter auf welche Geräte und Daten zugreifen dürfen (Wagner 2007, S. 26). Mit Hilfe dieser Berechtigungskonzepte können Unternehmen sicher nachvollziehen, welche Mitarbeiter auf welche Daten einen Zugriff haben (Annuscheit 2008). Berechtigungskonzepte lassen sich bspw. für folgende Benutzergruppen innerhalb des Unternehmens identifizieren:

- *1. Gruppe*: Anwender,
- *2. Gruppe*: Führungskräfte,
- *3. Gruppe*: Betreiber/IT-Abteilung (Foth 2008).

Die technische Umsetzung der Berechtigungskonzepte kann dabei durch digitale Zertifikate erfolgen (Schill 2007, S. 24). Anschließend müssen mit den festgelegten Zugriffsrechten die jeweiligen Zugangspunkte im Firmennetzwerk geregelt werden (Kölmel 2007, S. 23; Salchow 2006, S. 41).

Unabhängig davon dürfen diese aber gleichzeitig nicht die Nutzerfreundlichkeit beeinträchtigen. Behindern Sicherheitsfunktionen die Arbeit mit den mobilen Geräten, werden Mitarbeiter diese in aller Regel deaktivieren (Büllingen 2009 et al., S. 614; Garcia-Marshall 2007, S. 41; Koch et al. 2007, S. 10). Somit besteht in der mobilen Kommunikation stets ein Trade-off zwischen „mobiler Sicherheit" und „Nutzerfreundlichkeit". Unternehmen können diesem Problem begegnen, indem sie hierfür bei den eigenen Mitarbeitern durch Richtlinien und Schulungsmaßnahmen Akzeptanz schaffen. Die Mitarbeiter müssen über Sicherheitsrisiken aufgeklärt sein und die Konsequenzen für sich und das Unternehmen erkennen (Botha et al. 2009, S. 135). Des Weiteren lässt sich die Nutzerfreundlichkeit durch biometrische Verfahren verbessern. So können sich z. B. Mitarbeiter ohne umständliche Passwörter schnell und unkompliziert an mobilen Geräten durch einen Fingerabdruck authentifizieren (KES 2008b).

Einsatz von Sicherheitssoftware und Sicherung sensibler Daten

In der mobilen Kommunikation kann die Vertraulichkeit sensibler Informationen durch den Einsatz von Software gewahrt werden. Dazu lassen sich potentielle Verschlüsselungen auf verschiedenen Ebenen durchführen. Hierzu gehören: Full-Disk-Encryption, File-Encryption, Database-Encryption, Application-Encryption, Interface-Encryption (Büllingen et al. 2009, S. 614; Dodt 2007, S. 40; Prieskorn 2007, S. 38).

Neben der reinen Verschlüsselung müssen vertrauliche Informationen zusätzlich durch eine Antivirensoftware und eine Firewall geschützt werden. Um vertrauliche Informationen vor Unbefugten zu schützen, müssen diese Applikationen für einen bestmöglichen Schutz richtig konfiguriert sein und dürfen nicht vom Anwender deaktiviert werden (Bentel 2006, S. 28; Geldermann 2006, S. 4; Meyer 2007, S. 2). Ein sorgfältiger Schutz vertraulicher Informationen erfordert des Weiteren eine sichere Authentifizierung gemäß zuvor entwickelter Berechtigungskonzepte (Büllingen 2009 et al., S. 614). Dafür eignen sich folgende Authentifizierungswege:

- Benutzer gegenüber Gerät,
- Benutzer & Gerät gegenüber Anwendung,
- Anwendung gegenüber Benutzer.

Die Zugriffsberechtigungen der mobilen Geräte an das Firmennetzwerk können Unternehmen mit Hilfe einer „Data Leakage Prevention" regeln. Hierbei handelt es sich entweder um eine reine Softwarelösung oder um eine entsprechende Kombination der Software mit den mobilen Geräten (Kinzeln 2009). Mittels „Data Leakage Prevention" kann die Vertraulichkeit von Daten gewährleistet werden, indem eine Weitergabe von Informationen an unerwünschte Empfänger verhindert wird. Mit der „Data Leakage Prevention" sind folgende Funktionen verbunden:

- Dokumentation der Datenverwendung,
- Anzeigen von Anwenderinformationen durch ein Popup,
- Einholen einer Bestätigung des Anwenders durch ein Eingabefeld im Popup,
- Blockieren von Aktionen, die mit den Daten möglich sind,
- Alarmfunktion (Wiele 2009).

Mobile Geräte oder Wechseldatenträger eignen sich aber nicht gleichermaßen gut, um darauf sensible Daten vor Missbrauch zu schützen. Um dies abzuwägen, kann eine Kosten-Nutzen-Analyse herangezogen werden (Geldermann 2006, S. 5). Denn unterschiedliche Geräte mit wechselnder Software können den Verwaltungsaufwand schnell höher werden lassen als den eigentlichen Nutzen (Potter 2007, S. 19).

Eine weit reichende Schutzmaßnahme innerhalb dieses Konzeptes ist die umfassende und kontinuierliche Datensicherung der mobilen Geräte. Damit können verlorene, gestohlene oder manipulierte Daten & Geräte nach einem Schadensfall wiederhergestellt werden. Deutsche Unternehmen schätzen eine in ihren Augen aufwendige Datensicherung allerdings als unwichtig ein. Als Grund wird angeführt, dass die Informationen auf den mobilen Geräten als nicht schützenswert erachtet werden.

Einzelmaßnahmen und ihre Zuordnung zu den Leckagen

Jenseits dieser Maßnahmenkonzepte, die eine oder mehrere Einzelmaßnahmen in sich vereinigen, wird man im Unternehmen nicht umhin können, auch je Leckage Einzelmaßnahmen zum Schutz der Vertraulichkeit der Informationen zu ergreifen. Um eine geeignete Maßnahme der einzelnen Leckage zuzuordnen, wird hier eine Aufstellung angeboten, die Leckagen und Maßnahmen miteinander verbindet. Die drei folgenden Tabellen greifen auf den oben erarbeiteten, strukturierten Katalog der Leckagen zurück (Tabelle 3.1 in Kapitel 3). Die Maßnahmen basieren auf der Zusammenstellung in Kapitel 3 und ergänzen die obigen Maßnahmenkonzepte.

Grundform	Leckage	geeignete Maßnahmen
Auslesen	Auslesen von Daten aus verlorenen oder liegen gebliebenen Handys, Sticks etc.	Richtlinien/Sensibilisierung der Mitarbeiter, mechanischer Verschluss des Gerätes (Handy-Etuis), Verbot der Mischnutzung privat/beruflich
	Auslesen durch Hacker über Bluetooth-Einwahl	permanentes Abschalten des Bluetooth, Ersatz durch Kabelverbindung, nur temporäre Nutzung
Mithören /-lesen	Mithören/-schneiden von Telefonaten im öffentlichen Raum	Richtlinien/Sensibilisierung der Mitarbeiter, Verhaltensänderung der Mitarbeiter (leises Sprechen, Telefonate nur in sicheren Räumen), schallgeschützte „Telefonzellen“ im öffentlichen Raum
	Mithören/-schneiden von Telefonaten im nichtöffentlichen Raum (Büro vs. privat)	Richtlinien/Sensibilisierung der Mitarbeiter, Verhaltensänderung der Mitarbeiter (leises Sprechen, Schließen der Bürotür), Gäste dürfen sich nur in bestimmten Räumen des Betriebes aufhalten
	Mitlesen von SMS	Verschlüsselung, abgesicherter Datenverkehr, Verbot der SMS-Kommunikation
Umleiten	Abfangen von fehlgeleiteten Fax-Sendungen	Doppeleingabe der Faxadresse, Faxsendung nur aus Adressspeicher, Verschlüsselung
	Abfangen von umgeleiteten SMS ohne Weiterleiten	Verschlüsselung, abgesicherter Datenverkehr, Verbot der SMS-Kommunikation

Tab. 5.2: Leckagen und Lösungen – Teil 1: Telekommunikation

Grund-form	Leckage	geeignete Maßnahmen
Auslesen	Auslesen durch Hackereinwahl	Network Perimeter Security, Firewall
	Auslesen über Trojaner/Viren etc.	Network Perimeter Security, Firewall, Virensoftware
	Auslesen von verlorenen/gestohlenen oder liegen gebliebenen Laptops, Smartphones, Sticks etc.	Richtlinien/Sensibilisierung der Mitarbeiter, Zugangssperren/Passwörter, Verschlüsselung der Daten, mechanischer Verschluss, Verbot der Mischnutzung privat/beruflich
Mitlesen /-hören	Aufzeichnen des Datenflusses aus ungesicherten WLAN -, UMTS-, GPRS-/ Bluetooth-Verbindungen	Abgesicherter und getunnelter Datenverkehr, Verschlüsselung
	„Abhören"/Mitschneiden VoIP-Kommunikation	Abgesicherter und getunnelter Datenverkehr
	Mitlesen von Emails	Verschlüsselung, abgesicherter Datenverkehr, Mail Protect Solutions
	Mitlesen von FTP-Datensendungen	Verschlüsselung, abgesicherter Datenverkehr, Verbot der FTP-Kommunikation
	„Shoulder Surfing"	Richtlinien/Sensibilisierung der Mitarbeiter, Verhaltensänderung bei der Nutzung des Gerätes (z. B. Ausrichtung Bildschirm), Sichtschutzfolien auf dem Bildschirm, Bildschirmschoner
Umleiten	Phishing	Richtlinien/Sensibilisierung der Mitarbeiter, Verbot der Beantwortung von Anfragen per Internet, Zugang nur zu freigegebenen Seiten, Mail Protect Solutions um Email Anfragen / Spam zu blocken
	Auslesen von umgeleiteten Emails	Mail Protect Solutions um Email Anfragen zu blocken, Verhinderung der Umleitung von Emails von nicht erwünschten Anwendern, Verschlüsselung, abgesicherter Datenverkehr
	Auslesen von umgeleiteten FTP-Sendungen	Verschlüsselung, abgesicherter Datenverkehr, Verbot der FTP-Kommunikation

Tab. 5.3: Leckagen und Lösungen – Teil 2: Internetkommunikation

Grundform	Leckage	geeignete Maßnahmen
Mithören	Mithören von Gesprächen im öffentlichen Raum (z. B. Flugzeug, Zug, Café, Outdoor-Präsentation)	Richtlinien/Sensibilisierung der Mitarbeiter, Verhaltensänderung der Mitarbeiter (leises Sprechen, Telefonate nur in sicheren Räumen), schallgeschützte „Gesprächszellen" im öffentlichen Raum, Auswahl der Präsentationsstandortes nach der Vertraulichkeit
	Mithören von Gesprächen im nichtöffentlichen Raum (Büro vs. privat)	Richtlinien/Sensibilisierung der Mitarbeiter, Verhaltensänderung der Mitarbeiter (leises Sprechen, Schließen der Bürotür), Gäste dürfen sich nur in bestimmten Räumen des Betriebes aufhalten
Mitlesen	Mitlesen im öffentlichen Raum, (z. B. Flugzeug, Zug, Café, Outdoor-Präsentation)	Richtlinien/Sensibilisierung der Mitarbeiter, Verhaltensänderung bei der Nutzung der Informationsmaterialien und Mappen, Auswahl der Präsentationsstandortes nach der Vertraulichkeit
	Mitlesen von geöffneten, aber dennoch weitergeleiteten oder fehlgeleiteter Postsendungen	Wahl des Postdienstleisters, Richtlinien für die Versendung vertraulicher Unterlagen, Vertraulichkeitsvereinbarungen
	Mitlesen im nichtöffentlichen Raum (z. B. Büro vs. privat)	Richtlinien/Sensibilisierung der Mitarbeiter, vertrauliche Unterlagen dürfen nicht offen im Büro liegen
Auslesen /Kopie	Auslesen von liegen gebliebenen nichtelektronischen Unterlagen im öffentlichen Raum (Windstoß, Flugzeug, Zug, Café)	Richtlinien/Sensibilisierung der Mitarbeiter, mechanisch verschlossene Kuverts, sonstiger mechanischer Verschluss
	Auslesen von liegen gebliebenen nichtelektronischen Unterlagen im nichtöffentlichen Raum (Büro vs. privat)	Richtlinien/Sensibilisierung der Mitarbeiter, vertrauliche Unterlagen dürfen nicht offen im Büro liegen/mechanischer Verschluss, Verbot der Nutzung der Unterlagen außerhalb der Büros
Umleiten	Abfangen von um- oder fehlgeleiteten Postsendungen (ohne Weiterleitung)	Wahl des Postdienstleisters, Richtlinien für die Versendung vertraulicher Unterlagen, Vertraulichkeitsvereinbarungen

Tab. 5.4: Leckagen und Lösungen – Teil 3: Persönliche & postalische Kommunikation

5.6 Kontrolle

Alle oben genannten Schritte genügen nicht, wenn der Erfolg der Maßnahmen nicht dauerhaft und kontinuierlich überprüft wird. Auch genügt es nicht, wenn Unternehmen ihre Mitarbeiter alle drei Jahre zum Thema Sicherheit in der mobilen Kommunikation schulen.

Sämtliche Maßnahmen müssen kontinuierlich wiederholt, gepflegt oder erneuert und die Einhaltung der Richtlinien kontrolliert werden. Des Weiteren müssen neue mobile Geräte mit technischem Schutz ausgestattet und neue Mitarbeiter in die Richtlinien eingearbeitet werden.

Am Ende des Planungs- und Umsetzungsprozesses steht die Kontrolle und Evaluation der ergriffenen Maßnahmen und ihres dauerhaften Erfolges. Dazu sind drei Fragen zu stellen:

1. Werden die Maßnahmen inkl. der Verhaltensvorgaben dauerhaft eingehalten und gepflegt? Ergebnisalternativen: ja, nein, teilweise.
2. Wurde das gewünschte Maß an Vertraulichkeit erreicht? – Die Frage nach dem Erfolg des Instrumenteneinsatzes. Ergebnisalternativen: ja, nein, teilweise.
3. Ist es dennoch zu Leckagen und zu Schäden gekommen sowie welcher Schaden ist entstanden?
4. Welche Maßnahmen sind zu ergreifen, um mangelnde Umsetzung der Maßnahmen (im Verhalten der Mitarbeiter, in der Technik) zu verbessern und zukünftig Leckagen zu schließen?

Um diese Fragen beantworten zu können, bedarf es jenseits der oben ausgeführten Vorschriften / Richtlinien festgelegte Meldevorgänge, die bei eingetretenem Informations- und Geräteverlust anzustoßen sind.

Mit der Kontrolle und der Rückkopplung an den Anfang des Planungs- und Umsetzungsprozesses schließt sich der Kreis des Managementprozesses.

6 Rückblick und Ausblick

Rückblick – Hintergrund und Begriffe

Unternehmen müssen nicht nur aus Eigeninteresse, sondern auch aus gesetzlichen Vorschriften und dem Schutze der Mitarbeiter, Kunden und Geschäftspartner heraus vertrauliche Informationen vor dem Zugriff Dritter schützen. Denn derartige Informationen finden nur zu oft großes Interesse bei Wettbewerbern, Staat, Öffentlichkeit und auch manchen Mitarbeitern.

Auf der anderen Seite werden – nicht zuletzt durch moderne elektronische Kommunikationstechnologien – zunehmend Informationen über die Unternehmensgrenzen hinweg transportiert, sind für Mitarbeiter wie Geschäftspartner mobil verfügbar und werden auch mobil miteinander ausgetauscht. Handy und Internet sind nahezu überall erreichbar und werden auch so genutzt. Und damit steigt auch die Gefahr, dass diese von Dritten genutzt werden, zufällig oder sogar gezielt. Gelegenheiten, dass diese Informationen verloren gehen können, gibt es reichlich – die Leckagen der mobilen Kommunikation: z. B. Mithören von Telefonaten am Handy und persönlichen Gesprächen in Reisezügen oder Wartebereichen von Flughäfen, im Café liegen gelassene Unterlagen, abgefangene Informationen in WLAN-Netzen, fehlgeleitete SMS und Faxsendungen und auch der Verlust von klassischen Briefsendungen.

Hieraus ergibt sich für die Unternehmen ein steigender Bedarf zum Schutze der Vertraulichkeit in der mobilen Kommunikation, sei es mit technischen Mitteln (z. B. Verschlüsselungen) oder durch Sensibilisierung und Änderung des Verhaltens der Mitarbeiter. Während der Schutz des Computers während der Internetnutzung im Privaten wie im Beruflichen gängige Praxis ist, ist scheinbar die Sensibilisierung für den Schutz mobiler Kommunikation gerade in kleinen und mittleren Unternehmen noch wenig vorgedrungen – trotz spektakulärer, öffentlich gewordener Diskretionsverstöße. Auch scheinen die Gefahren und Leckagen nur zum Teil bekannt und bewusst, Schutzmaßnahmen werden noch zu wenig ergriffen.

In den vorherigen Kapiteln wurde daher Schritt für Schritt ein Management der Vertraulichkeit in der mobilen Kommunikation hergeleitet - beginnend mit einem Blick auf Vertraulichkeit und mobile Kommunikation und die sich daraus ergebenden Gefahren, den Leckagen. Ziel war es, Leckagen der mobilen Kommunikation zu identifizieren und Maßnahmen zum Schutz der Vertraulichkeit vorzuschlagen.

Denn wenn – vertrauliche Informationen – an (unbefugte) Dritte gelangen, so wird hier von „Leckagen" gesprochen. Ein Schaden entsteht allerdings erst, wenn über die Leckage die – vertraulichen – Informationen an Personen und Institutionen gelangen, die diese gegen das Unternehmen nutzen bzw. nutzen lassen. Eine Leckage führt also nicht zwangläufig zu einem Schaden. Letzterer ist zudem für die Leckagen im Vorhinein schwer oder nicht zu bestimmen. Zum einen kommt es nur durch einen besonderen Zufall zum Schaden (es muss im Falle der Leckage ein Rezipient vorhanden sein, der die Informationen versteht und gegen das Unternehmen nutzen will und kann). Zum anderen ist es z. B. schwer, Imageschäden zu quantifizieren. Die Problematik wurde in Kapitel 3 ausführlich diskutiert.

Die Leckagen finden sich in allen drei Handlungsfeldern mobiler Kommunikation, in der Telekommunikation (Handy), der Internetkommunikation (Laptop, Netbook, Smartphone, Tablet-PCs/Pads + Hardware) und der persönlichen und postalischen Kommunikation (Gespräche, Präsentationen, Datenträgerweitergabe (CDs, Sticks etc.)). Denn auch letzteres ist im weiteren Sinne der mobilen Kommunikation zuzurechnen. Es wurde bewusst eine sehr breite Auslegung des Begriffs gewählt, da in einer mobilen Gesellschaft nicht nur die technische Seite der mobilen Kommunikation betrachtet werden kann (dazu siehe auch Kapitel 2.2). Zentrales Kriterium für eine „mobile" Kommunikation ist dabei die Ortsungebundenheit der Kommunikationspartner. Dieses Verständnis geht über die enge Definition aus technischer Sicht, die auf den Einsatz mobiler Endgeräte abstellt, hinaus und schließt persönliche und postalische, also „klassische", Kommunikation ein. Schließlich sind die klassischen Formen der mobilen Kommunikation nicht durch modernde Kommunikationstechnologien ersetzt sondern vielmehr ergänzt worden.

Die Leckagen lassen sich auf die Grundformen Auslesen, Mithören/-lesen und Umleiten zurückführen: Sie können in dem gezielten Diebstahl oder dem zufälligen Zugriff von Mitarbeitern oder Fremden auf Informationen bestehen, wie auch im Abfangen von Informationen nach vorheriger Manipulation oder Einschleusung von Schadprogrammen auf mobilen Geräten, im gezielten Angriff durch Observation oder Kommunikationsschnittstellen (z. B. WLAN, Bluetooth), aber auch im unberechtigten Öffnen von Postsendungen. Sie sind also technisch oder verhaltensbedingt.

Es wurde ein Katalog möglicher Leckagen in der mobilen Kommunikation zusammengestellt (Kapitel 3). Dem wurden Schutzmaßnahmen gegenüber gestellt, die auf die Technik oder das Verhalten der Mitarbeiter abzielen:

- Einsatz von Software (u. a. Zugangsschranken, Verschlüsselung und Identity Management Software, Firewalls und Virensoftware)
- Datensicherung: Umfasst jegliche Formen der Datensicherung auf den mobilen Geräten, i. d. R. auch Softwareunterstützung.
- „Mechanische" und „bauliche" Maßnahmen: u. a. Sichtschutzen(folien), Laptopketten, Handy-Etuis, Handytelefonzelle)
- Richtlinien, verbindliche Verhaltensvorgaben.
- Mitarbeiterschulung und Workshops
- Parallel zu allen genannten Maßnahmen: Einsatz eines Sicherheitsbeauftragten.
- Ergänzend dazu wurden in Kapitel 5.5 noch Einzelmaßnahmen dem Leckagenkatalog zugeordnet.

Rückblick – Das Managementkonzept

So vielfältig wie die Leckagen und ihre Anlässe, so vielfältig sind auch die Schutzmaßnahmen. Da reicht es nicht aus, hier und da mit einigen Maßnahmen nachzubessern. Vielmehr sind im Unternehmen systematisch die Leckagen zu identifizieren und geeignete Maßnahmen, auch übergreifend auszuwählen und zu installieren. Zudem ist nach diesem einmaligen oder regelmäßig zu wiederholenden Vorgang die Umsetzung und Einhaltung der Schutzmaßnahmen kontinuierlich zu kontrollieren. Alles zusammen führt zu einem Planungs-, Anwendungs- und Kontrollprozess des Managements der Vertraulichkeit (in der mobilen Kommunikation). Kapitel 5 führte diesen Prozess im Detail aus. Er soll den Unternehmen eine Anleitung sein, systematisch das Gesamtproblem des Schutzes der Vertraulichkeit in der mobilen Kommunikation zu erfassen und zu lösen.[5]

Alles dies wurde von vier empirischen Untersuchungen begleitet: Expertenbefragung, zwei Unternehmensbefragungen und ergänzende Beobachtungen in Restaurants, Zügen, Warteräumen und Fugzeugen. Die Untersu-

[5] Nicht zum Gegenstand der folgenden Ausführungen gehören die Bemessung von Schäden aus den Leckagen, Maßnahmen zur Reduktion bereits entstandener Schäden (z. B. Imagekampagnen) sowie Fragen der Wirtschaftskriminalität bei bewusstem Zugriff Dritter auf die vertraulichen Informationen.

chungen zeigten, dass gerade die kleinen Unternehmen in Deutschland nur vereinzelt und nicht systematisch Schutzmaßnahmen ergreifen, um die Vertraulichkeit in der mobilen Kommunikation zu erhalten. Je kleiner die Unternehmen, desto geringer sind Zahl und Umfang der Schutzmaßnahmen sowie die Bereitschaft, Maßnahmen zum Schutz der Vertraulichkeit zu ergreifen. Welch großer Bewusstseinmangel bei Geschäftsleuten für das Problem besteht, zeigten die bisherigen Studien und die Beobachtungen, die zeigten, wie leicht es ist, an vertrauliche Informationen zu gelangen.

Rückblick – Das „Eintrittsrisiko-Schadens-Portfolio"

Im Wissen um die Probleme, den Schaden im Vorhinein für jede Leckage zu bemessen (vgl. Kapitel 3.2) wurde dennoch ein Weg vorgeschlagen, statt normativ vielmehr empirisch aus den Erfahrungen und Einschätzung der Unternehmen einen Indikator für die Bedrohung der Leckagen (aus dem zu erwartendem Schaden) und damit für die Bedeutung für die Unternehmen zu entwickeln. Hierzu wurde neuer Maßstab entwickelt (Kapitel 3.3) und in einer empirischen Erhebung für jede Leckage ermittelt (Kapitel 4.4). Grundlage des Maßstabes war die Verbindung von zwei Variablen:

- „Eintrittsrisiko (Wahrscheinlichkeit) des Auftretens eines Schadens durch eine Leckage" und
- „Ausmaß des Schadens für das Unternehmen im Eintrittsfalle"

Diese waren von den Unternehmen in der Erhebung für jede Leckage entlang eines Ratings (sehr gering bis sehr groß) abzuschätzen, zu bewerten und konnten dann – als Mittelwerte – in einem Diagramm abgetragen werden, dem „Eintrittsrisiko-Schadens-Portfolio". So konnten die Leckagen visuell miteinander verglichen werden in ihrer Bedeutung verglichen werden (siehe folgende Abbildung).

Die Position, die sich aus der Kombination der beiden Werte im Diagramm ergibt, lässt eine grobe Bewertung bzw. Einordnung zu:

- „Gefährlich": Rechts oben im Diagramm befinden sich Leckagen, die sowohl hohes Eintrittsrisiko für einen Schaden wie auch großen Schaden im Falle eines Eintritts aufweisen. Solche Leckagen stellen eine besonders große Bedrohung und somit auch Bedeutung für die Unternehmen dar.
- „Unerheblich": Links unten im Diagramm befinden sich Leckagen, die sowohl geringes Eintrittsrisiko für einen Schaden wie auch geringen Schaden im Falle des Eintritts aufweisen. Solche Leckagen stellen nur ei-

ne geringe Bedrohung und somit auch Bedeutung für die Unternehmen dar.

- „Lästig" und „riskant": Die Bedeutung derjenigen Leckagen, die sich in den Quadranten links oben und rechts unten wieder finden, wird nur von einer der beiden Variablen (Eintrittsrisiko für einen Schaden oder Schadensumfang) angetrieben. Entweder entsteht die Bedrohung durch das hohe Eintrittsrisiko für einen Schaden bei vergleichsweise geringem Schaden pro Fall: Die Zahl der zu erwartenden Schadensfälle macht die Bedrohung aus. Oder es sind zwar recht unwahrscheinliche, aber bei Eintritt mit erheblichen Konsequenzen verbundene, seltene Fälle, die die Bedrohung ausmachen.

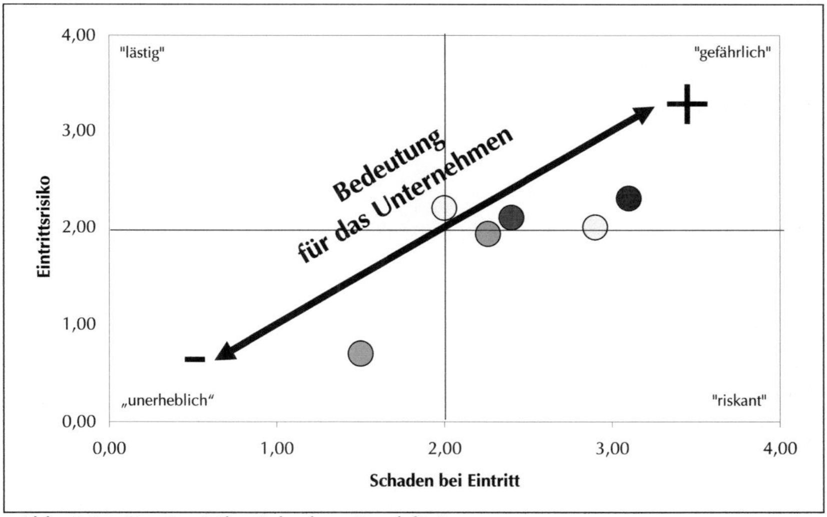

Abb. 6.1: „Eintrittsrisiko-Schadens-Portfolio"

Der Maßstab selbst ergab sich aus der Addition der Mittelwerte der Ratings zu den beiden obigen Variablen. Die Erhebung bei deutschen Unternehmen ergab hierzu, dass über alle Sektoren und Unternehmensgrößen hinweg – folgende Leckagen die größte Bedrohung und damit Bedeutung für Unternehmen besitzen:

- Mithören/-schneiden von Telefonaten im öffentlichen Raum,
- Phishing,

- Mithören von Gesprächen im öffentlichen Raum (z. B. Flugzeug, Zug, Café, Outdoor-Präsentation),
- Aufzeichnen des Datenflusses aus ungesicherten WLAN-, UMTS-, GPRS- und Bluetooth-Verbindungen,
- Mitlesen im öffentlichen Raum (z. B. Flugzeug, Zug, Café, Outdoor-Präsentation) und
- Auslesen von verlorenen/gestohlenen Laptops, Smartphones, Sticks etc.

Hingegen stellen folgende Leckagen die geringste Bedrohung und damit Bedeutung für die Unternehmen dar:

- Auslesen von liegen gebliebenen nichtelektronischen Unterlagen im nichtöffentlichen Raum (Büro vs. privat)
- „Abhören"/Mitschneiden VoIP-Kommunikation
- Abfangen von umgeleiteten SMS ohne Weiterleiten
- Mitlesen von SMS
- Mitlesen von FTP-Datensendungen
- Auslesen von umgeleiteten FTP-Sendungen

Die Untenehmen sollten also im Rahmen des Managements auf die obigen Leckagen besonders achten.

Ausblick

Jenseits der vielen wissenschaftlichen Erkenntnisse dieser Schrift für das unternehmerische Management wird eine Konsequenz deutlich: Der Schutz der Vertraulichkeit – nicht nur in der mobilen Kommunikation – kann nicht nur durch Technik erreicht werden. Vielmehr sind Sensibilisierung und Änderung im Verhalten der Menschen der effektivste Weg zum Schutz der Vertraulichkeit. Das betrifft nicht nur den Menschen als Geschäftsmann bzw. -frau sondern auch in seinem privaten Lebensumfeld.

Das hier vorgestellte Managementkonzept und auch die konkreten Vorschläge zum Schutze der Vertraulichkeit in der mobilen Kommunikation stellen eine (konstruktive) Gegenposition zu den nahezu täglichen Berichten über Verstöße gegen Vertraulichkeit dar – geben Hilfe zum Schützen. Gleichwohl sind beides nur ein Nukleus und eine Anregung für eine weitergehende Diskussion über den Schutz der Vertraulichkeit in allen anderen

Lebensbereichen, um dem wichtigen Thema Vertraulichkeit zu mehr Bewusstsein in der Gesellschaft zu verhelfen. Denn jeder, auch der Private muss Vertraulichkeit „managen", sei es mit den Angaben zu seiner Person in Verträgen, im Internet und sozialen Netzwerken generell.

Literaturverzeichnis

Annuscheit, Rainer (2008): Compliance-Probleme mit Verschlüsselung lösen, elektronisch veröffentlicht unter: http://www.compliancemagazin.de/compliancefachbeitraege/hintergrund/credant040908.html, vom 24.03.2010.

Beck, K. (2007): Kommunikationswissenschaft, UVK, Konstanz, 2007.

Bentel, Elmar (2006): Mobile Kommunikation – aber sicher, in: Karlsruher Wirtschaftsspiegel 2006/2007, S. 28.

Bereszewski, Markus; Schäfer, Dirk (2009): Mehr Sicherheit in der mobilen Kommunikation, elektronisch veröffentlicht unter: http://www.informationweek.de/infrastruktur/telekommunikation/artikel-21712-2.html, vom 22.03.2010.

Bertram, R. (2000): Mit Sicherheit Schutz vor dem bekannten Feind, in: Schumacher, M., Steinmetz, R. (Hrsg.) Sicherheit in Netzen- und Medienströmen – Tagungsband des GI-Workshops "Sicherheit in Mediendaten", Berlin, 19. September 2000

BfV (2008): Spionage aus dem Osten alarmiert Geheimdienst, elektronisch veröffentlicht unter: http://www.spiegel.de/ wirtschaft/unternehmen/ 0,1518,669019,00.html, vom 23.03.2010.

BITKOM (2010): Studie „Internet-Sicherheit – Verbrauchermeinungen zur Datensicherheit im Web", elektronisch veröffentlicht unter www.bitkom.org, vom 04.08.2010.

Blickpunkt: KMU (2007): Quo vadis, Telekommunikation? Elektronisch veröffentlicht unter: http://www.blickpunktkmu.ch/index. php?go_art=729&go_cap=61&go_cinf=1, vom 04.08.2010.

BMF (2001): Grundsätze zum Datenzugriff und zur Prüfbarkeit digitaler Unterlagen (GDPdU), elektronisch veröffentlicht unter: http://www.bundesfinanzministerium.de/DE/Wirtschaft__und__Verwaltung/Steuern/Veroeffentlichungen__zu__Steuerar-ten/Abgabenodung/Datenzugriff__GDPdU/002,templateId=raw,property=publicationFile.pdf, vom 03.05.2010.

Botha; Reinhardt A.; Furnell, Steven M.; Clarke, Nathan L. (2009): From desktop to mobile: Examining the security experience, in: Computers & Security, Volume 28, Issues 3-4, May-June 2009, Pages 130-137.

Brinkschulte, Carsten (2007): Handy-Risiken sicher im Griff, in: <kes> Zeitschrift für Kommunikations- und EDV-Sicherheit, Sonderausgabe Juli 2007, S. 44-45.

BSI - Bundesamt für Sicherheit in der Informationstechnik (2010): Basisschutz leicht gemacht, elektronisch veröffentlicht unter: http//:www.bsi-fuerbuerger.de, vom 04.08.2010.

BSI (2006): Mobile Endgeräte und mobile Applikationen: Sicherheitsgefährdungen und Schutzmaßnahmen, Bundesamt für Sicherheit in der Informationstechnik 2006, Bonn.

BSI (2008): Öffentliche Mobilfunknetze und ihre Sicherheitsaspekte, Bundesamt für Sicherheit in der Informationstechnik 2008, Bonn.

BSI (2009a): Drahtlose Kommunikationssysteme und ihre Sicherheitsaspekte, Bundesamt für Sicherheit in der Informationstechnik 2009, Bonn.

BSI (2009b): IT-Grundschutz-Kataloge, Bundesamt für Sicherheit in der Informationstechnik 2009, Bonn.

BSI (2009c): BSI-Lagebericht IT-Sicherheit 2009, Bundesamt für Sicherheit in der Informationstechnik 2009, Bonn.

BSI (2010b): IT-Grundschutz-Profil. Anwendungsbeispiel für den Mittelstand, Bundesamt für Sicherheit in der Informationstechnik 2010, Bonn.

Büllingen, Franz (2006): Mobile Enterprise-Solutions – Stand und Perspektiven mobiler Kommunikationslösungen in kleinen und mittleren Unternehmen, Studie im Auftrag des (BMWi), Bad Honnef.

Büllingen, Franz; Hillebrand, Annette; Oczko Martin; Ritscher, Matthias (2009): IT-Sicherheit als kritischer Erfolgsfaktor mobiler Geschäftsanwendungen, in: Datenschutz und Datensicherheit – DuD, Volume 33, Number 10 / Oktober 2009, S. 611-615.

Bundesdatenschutzgesetz (2009), elektronisch veröffentlicht unter: http://www.gesetze-im-internet.de/bundesrecht/bdsg_1990/gesamt.pdf, vom 24.03.2010.

Burkart R. (2002): Kommunikationswissenschaft, Bonn, 2002.

Burkitt, Mike (2010): What's in store for 2010?, in: Infosecurity, Volume 7, Issue 1, January-February 2010, Pages 10-15.

Buschmann, Dirk (2007): Mangel an Sicherheitsbewusstsein, in: <kes> Zeitschrift für Kommunikations- und EDV-Sicherheit, Juli 2007, S. 8-9.

Cellebrite (2010): Mobilfunk-Studie, elektronisch veröffentlicht unter www.cellebrite.com, vom 04.08.2010.

Clearswift (2010): Schutz mit content-basierten Gateway-Lösungen, elektronisch veröffentlicht unter: www.clearswift.de, vom 04.08.2010.

Cordial, Andy (2010): Securing the mobile workforce, in: Infosecurity, Volume 7, Issue 2, March-April 2010, Page 42.

Corporate Trust (2009): Gefahrenbarometer 2010. Sicherheitsrisiken für den deutschen Mittelstand, elektronisch veröffentlicht unter: http://www.corporate-trust.de/studie/Gefahrenbarometer2010.pdf, vom 17.05.2010.

Credant (2004): Best Practices for Securing the Mobile Enterprise, elektronisch veröffentlicht unter: http://www.credant.com/docs/12-06-07Best%20Practices%20for%20Securing%20the%20Mobile%20Enterprise%200204.pdf, vom 17.03.2010.

Credant (2009): Even IT Security Professionals can't be bothered with Passwords, finds survey, elektronisch veröffentlicht unter: http://www.credant.com/news-a-events/press-releases/353-it-security-professionals-passwords.html, vom 16.03.2010.

Davis, Adrian (2006): Information security can enable mobile working, in: Infosecurity Today, Volume 3, Issue 4, July-August 2006, Page 42.

Deutsche Handwerkszeitung (2007): Datenklau: Mittelstand besonders gefährdet, elektronisch veröffentlicht unter: http://www.deutsche-handwerks-zeitung.de/news/news_1253195.html, vom 14.04.2010.

Dodt, Ansgar (2007): Verschlüsselung in vier Ebenen, in: <kes> Zeitschrift für Kommunikations- und EDV-Sicherheit, Sonderausgabe Juli 2007, S. 40-41.

Duelli, Harald (2007): Mobile Endgeräte: Nutzung und Schutz, in: <kes> Zeitschrift für Kommunikations- und EDV-Sicherheit, Sonderausgabe Juli 2007, S. 6.

Duscha, Andreas (2009): Netz- und Informationssicherheit in Unternehmen 2009, Ergebnisse einer Online-Befragung von kleinen und mittelständischen Unternehmen in Deutschland, elektronisch veröffentlicht unter: http://www2.ec-kom.de/ec-net/20100208_Studie-Netz-und-Informationssicherheit-2009.pdf, vom 29.03.2010.

ECC (2009): Netz- und Informationssicherheit in Unternehmen 2009, elektronisch veröffentlicht unter www.ecc-handel.de, vom 04.08.2010.

Eco, Umberto (2007): Im Krebsgang voran: Heiße Kriege und medialer Populismus, Carl Hanser Verlag, München.

Everett, Cath (2007): Secure at a distance, in: Infosecurity, Volume 4, Issue 3, April 2007, Pages 16-17.

Federrath, H., Pfitzmann, A. (2002): Technische Grundlagen; in: Alexander Roßnagel (Hrsg.): Handbuch Datenschutzrecht, Die neuen Grundlagen für Wirtschaft und Verwaltung, München, S. 61-84.

Foth, Michael (2008): Mobile Security: Ohne Regeln geht es nicht, elektronisch veröffentlicht unter: http://www.computerwoche.de/netzwerke/ mobile-wireless/1862868, vom 29.03.2010.

Fox, Dirk (2003): Security Awareness. Oder: Die Wiederentdeckung des Menschen in der IT-Sicherheit, in: Datenschutz und Datensicherheit, Nr. 27, S. 676-680.

Fuchs, Hans Joachim (2010): Chinesische Industriespionage wirksam bekämpfen, elektronisch veröffentlicht unter: http://www.maschinenmarkt. vogel.de/themenkanaele/managementundit/recht/ articles/ 257708, vom 10.05.2010)

Garcia-Marshall, Dominique (2007): Verschlüsselung für E-Mails auf Smartphones, in: <kes> Zeitschrift für Kommunikations- und EDV-Sicherheit, Sonderausgabe Juli 2007, S. 41.

Garlick, Nick (2005): Securing mobile workers, in: Infosecurity Today, Volume 2, Issue 3, May-June 2005, Page 45.

Geldermann, Martin (2006): Corporate Mobile Security – ein neues Sicherheitskonzept für mobile Endgeräte, elektronisch veröffentlicht unter: http://www.securitymanager.de/magazin/artikel_1158_ corporate_mobile_security_-_ein_neues.html, vom 29.03.2010.

Goode, Alan (2010): Managing mobile security: How are we doing?, in: Network Security, Volume 2010, Issue 2, February 2010, Pages 12-15.

Handelsblatt (2010a): Daten hinter Schloss und Riegel, elektronisch veröffentlicht unter: http://www.handelsblatt.com/technologie/it-internet/it-sicherheit-daten-hinter-schloss-und-riegel;2545905, vom 30.03.2010.

Handelsblatt (2010b): Abgehörtes Telefonat bringt Berlusconi in Bedrängnis, elektronisch veröffentlicht unter: http://www.handelsblatt.com/ politik/international/tv-aufsicht-beeinflusst-abgehoertes-telefonat-bringt-berlusconi-in-bedraengnis;2546664, vom 15.03.2010.

Heikkila, Faith M. (2007): Encryption: Security Considerations for Port-able Media Devices, elektronisch veröffentlicht unter: http://www.pivotgroup.org/collaterals/Encryption_ Considerations_%20Portable _Removable_Media_Devices.pdf, vom 29.03.2010.

Hellisch, Michael (2009): Definition von Awareness, Notwendigkeit und Sicherheitskultur, in: Hellisch, Michael; Pokoyski, Dietmar (Hrsg.): Secu-rity Awareness. Neue Wege zur erfolgreichen Mitarbeiter-Sensibilisierung, Vieweg+Teubner Verlag, Wiesbaden, S. 9-28.

Hesse, Malte; Jungbauer, Marian; Pohlmann, Norbert (2007): Trusted Computing. Mit einem höheren Level an Vertrauenswürdigkeit in die mobile Zukunft, in: <kes> Zeitschrift für Kommunikations- und EDV-Sicherheit, Sonderausgabe Juli 2007, S. 18-21.

InformationWeek (2008): IT-Security 2008, Potny.

KES (2008a): Transparenz schaffen! Lehren aus der <kes>/Microsoft-Sicherheitsstudie, in: <kes> Zeitschrift für Kommunikations- und EDV-Sicherheit, Nr. 8.

KES (2008b): Die <kes>/Microsoft Sicherheitsstudie 2008, elektronisch veröffentlicht unter: http://www.it-sa.de/fileadmin/itsa_files/ Handouts/2008/RO_Di_16_30_Luckhardt.pdf, vom 28.03.2010.

Kinzel, Guido (2009): Schutz vor Datenlecks: Risiko "mobile Helfer", elektronisch veröffentlicht unter: http://www.securitymanager.de/magazin/ artikel_2262_datenleck_mobile_sicherheit.html, vom 30.03.2010.

Knight, William (2004): Mobile working drives switch to federated access rights, in: Infosecurity Today, Volume 1, Issue 5, September-October 2004, Pages 22-25.

Koch, Christian; Fellner von Feldegg, Oliver (2007): Schutz für mobile Clients, in: <kes> Zeitschrift für Kommunikations- und EDV-Sicherheit, Sonderausgabe Juli 2007, S. 10-13.

Kölmel, Frank (2007): Mobile User sicher authentifizieren, in: <kes> Zeitschrift für Kommunikations- und EDV-Sicherheit, Sonderausgabe Juli 2007, S. 22-23.

KPMG (2010): Wirtschaftskriminalität in Deutschland 2010. Fokus Mittelstand, elektronisch veröffentlich unter: http://www.kpmg.de/docs/20091220_Wirtschaftskriminalitaet.pdf, 18.05.2010.

Krybus, Ilja (2008): Mobile Business – Strategie und Erfolgsfaktoren für den Mittelstand, in: Letmathe, Peter ; Eigler, Joachim; Welter; Friederike; Kathan, Daniel; Heupel, Thomas (Hrsg.): Management kleiner und mittle-rer Unternehmen, Gabler, Wiesbaden, S. 373-387.

Liebisch, Daniel C. (2007): Security durch Zentralisierung, in: <kes> Zeitschrift für Kommunikations- und EDV-Sicherheit, Sonderausgabe Juli 2007, S. 46-47.

Maletzke, G. (1998): Kommunikationswissenschaft im Überblick. Grundlagen, Probleme, Perspektiven, Opladen, Wiesbaden, 1998.

McAfee (2009): Mobile Security Report, elektronisch veröffentlicht unter: http://www.mcafee.com/us/local_content/reports/mobile_security_report_2009.pdf, vom 30.03.2010.

Meetbiz Research (2010): 2010 mehr Investitionen in den Schutz vor internem Datenmissbrauch, elektronisch veröffentlicht unter: http://www.denkfabrik-group.com/market-research/aktuelle-studien/detail/2010-mehr-investitionen-in-den-schutz-vor-internem-datenmissbrauch, vom 13.03.2010.

Meyer, Jörn-Axel (2010): Transparenzmanagement – Grundgedanken, Konzept und betriebliche Umsetzung, Lohmar 2010.

Meyer, Jason S. (2007): Desktop Security Policy Enforcement – How to secure your corporate mobile devices, elektronisch veröffentlicht unter: http://www.infosecwriters.com/text_resources/pdf/Desktop_Security_JMeyer.pdf, vom 23.03.2010.

Mitroussi, Margarita (2007): Handy als Malwareschleuse?, in: <kes> Zeitschrift für Kommunikations- und EDV-Sicherheit, Sonderausgabe Juli 2007, S. 42-43.

mIT-Sicherheit (2009): Datendiebstahlprogramme für USB: Neuer Trickbetrug. Wie Sie sich vor USB-Raubkopierern auf Präsentations-PCs schützen, in: mIT Sicherheit – administrieren und vorbeugen, Fachzeitschrift für Netzwerk-, IT- und Internet-Sicherheit, Juni 2009.

Müller, G. et al. (2007): Sicherheit im Ubiquitous Computing: Schutz durch Gebote? In Mattern, F. (Hrsg.): Die Informatisierung des Alltags Berlin/Heidelberg, S. 127-142.

Novell (2009): Marktkommentar: Sommer, Sonne, Sorglosigkeit? – Mobiles Arbeit birgt Risiken, elektronisch veröffentlicht unter: http://www. novell.com/de-de/news/sotm/pdf/mk_09_sommer.pdf, vom 22.03.2010.

Perspektive Mittelstand (2010): Erste vollständige Sicherheitslösung für mobile Endgeräte, elektronisch veröffentlicht unter: http://www. perspektive-mittelstand.de/Erste-vollstaendige-Sicherheitsloesung-fuer-mobile-Endgeraete/pressemitteilung/32305.html, vom 04.08.2010.

PGP (2008): PGP: Verschlüsselungstrends in deutschen Unternehmen, elektronisch veröffentlicht unter: www.pgp.com/de/, vom 04.08.2010.

Ponemon (2009): Jahresstudie 2008. Kosten von Datenpannen in Deutschland, Ponemon Institute, elektronisch veröffentlicht unter: http://www.searchsecurity.de/whitepaper/downloads/12937, vom 16.03.2010.

Potter, Bruce (2007): Mobile security risks: ever evolving, in: Network Security, Volume 2007, Issue 8, August 2007, Pages 19-20.

Prieskorn, Mike (2007): Verschiedene Verschlüsselungs-Verfahren, in: <kes> Zeitschrift für Kommunikations- und EDV-Sicherheit, Sonderausgabe Juli 2007, S. 38-39.

Pritchard, Stephen (2006): Managing mobile, in: Infosecurity Today, Volume 3, Issue 3, May-June 2006, Pages 28-30.

PWC (2009): Wirtschaftskriminalität 2009. Sicherheitslage in deutschen Großunternehmen, elektronisch veröffentlicht unter: http://www.pwc.de/fileserver/RepositoryItem/Studie-Wirtschaftskriminal-09.pdf?itemId=13277911, vom 18.03.2010.

PWC (2010a): Global state of information security survey, elektronisch veröffentlicht unter: http://www.pwc.com/en_GX/gx/information-security-survey/pdf/pwcsurvey2010_report.pdf, vom 16.03.2010.

PWC (2010b): Deutsche Unternehmen haben Nachholbedarf in Sachen IT-Sicherheit, elektronisch veröffentlicht unter: http://www.pwc. de/portal/pub/cxml/04_Sj9SPykssy0xPLMnMz0vM0Y_QjzKLd4p3tnDRL8h2VAQAZjvqHg!!?topNavNo-de=49c41154006aee04&siteArea=49c4e89420994d2e&content=e5a3c8451ae4425, vom 14.04.2010.

Rach, H.-R. (2006): Leitfaden für die Sicherheit stationärer und mobiler persönlicher IuK beim Einsatz in der Landesverwaltung Baden-Württemberg, Stuttgart.

Ries, U. (2010): Lauschangriff für Jedermann, elektronisch veröffentlicht unter www.spiegel.de am 02. August 2010.

Salchow, Ken (2006): Mobile madness: securing the endpoint, in: Infosecurity Today, Volume 3, Issue 4, July-August 2006, Page 41.

Schäfer, Dirk (2008): Nutzen von Mobile Device Management in Unternehmen, in: Manage IT, Ausgabe 5-6, S. 90-91.

Schill, Peter (2007): Mobile Identitätsprüfung, in: <kes> Zeitschrift für Kommunikations- und EDV-Sicherheit, Sonderausgabe Juli 2007, S. 24.

Siemens, Oliver (2007): Tipps für den Umgang mit Handys und PDAs, in: <kes> Zeitschrift für Kommunikations- und EDV-Sicherheit, Sonderausgabe Juli 2007, S. 14.

Stone, Richard (2007): The missing link in today's mobile security solutions, in: Infosecurity, Volume 4, Issue 2, March 2007, Page 46.

Symantec (2007): Internet Security Threat Report 2007, Ashborn.

Symantec (2010): SMB Information Protection Survey –Global June 2010, elektronisch veröffentlicht unter: http://www.symantec.com vom 04.08.2010.

TechConsult (2003): Mobile Business in Deutschland. Eine Multi-Client-Studie der TechConsult GmbH, elektronisch veröffentlicht unter: http://www.techconsult.de/download/studien/BERICHTMobileBusinessinDeutschland.pdf, vom 13.04.2010.

TeleTrust Deutschland (2010): Wie sichere ich meine Daten?", Praxistipps für KMU insbesondere für das Handwerk, elektronisch veröffentlicht unter: https://www.sicher-im-netz.de/wir_ueber_uns/136.aspx vom 04.08.2010.

Trend Micro (2010): 2010 Corporate End User Study, Cupertino.

Ubitexx (2008): 5. Smartphone Mobile Business Studie, elektronisch veröffentlicht unter http://ubitexx.de vom 04.08.2010.

Wagner, Roger (2007): White-List-Verfahren: Jedem das Seine, in: <kes> Zeitschrift für Kommunikations- und EDV-Sicherheit, Sonderausgabe Juli 2007, S. 26-27.

Wiele, J. (2009): Vom Leck zum Ventil, elektronisch veröffentlicht unter; http://www.lanline.de/articles/vom_leck_zum_ventil:/2009003/31856877_ha_LL.html?thes= vom 04.08.2010.

Wiele, Johannes (2009): Data Leakage Prevention in Unternehmen. Vom Leck zum Ventil, elektronisch veröffentlicht unter: http://www. lanline.de/articles/vom_leck_zum_ventil:/2009003/31856877_ha_LL.html?thes=&&page=1, vom 13.04.2010.

Witt, Bernhard C. (2006): IT-Sicherheit kompakt und verständlich: Eine praxisorientierte Einführung, Vieweg+Teubner Verlag, Wiesbaden.

Workshare (2006): Information Risks in EU Corporations, London.

Anhang 1 zur Unternehmensbefragung I
Fragebogen

I. Eigenschaften des Samples

Gesprächspartner		
	Geschäftsführer	☐
	Assistent der Geschäftsführung	☐
	Mitarbeiter in der Öffentlichkeitsarbeit	☐
	Datenschutzbeauftragter	☐
Mitarbeiterzahl	unter 10	☐
	von 10 bis 50	☐
	von 51 bis 100	☐
	von 101 bis 250	☐
	von 251 bis 500	☐
	über 500	☐
Branche	______________________________	

II. Befragung

Situation im Unternehmen im Umgang mit vertraulichen Daten

	Ja	Nein	weiß nicht
1. Gibt es in Ihrem Unternehmen einen Verantwortlichen für die Sicherheit und den Schutz von Unternehmensinformationen?	☐	☐	☐
2. Sind in Ihrem Unternehmen bereits einmal mobile Geräte verloren gegangen, wie z. B. Handys oder USB-Geräte?	☐	☐	☐
3. Sind dadurch sensible Unternehmensinformationen an externe Personen gelangt?	☐	☐	☐

Einschätzung der potentiellen Gefahren (intern und extern)

4. Welche Bedeutung misst man der Vertraulichkeit in der mobilen Kommunikation in Ihrem Unternehmen bei?

sehr hoch	hoch	weder/noch	gering	sehr gering
1	2	3	4	5
☐	☐	☐	☐	☐

5. Wie hoch schätzen Sie das Sicherheitsbewusstsein Ihrer Mitarbeiter im Umgang mit sensiblen Daten ein?

sehr hoch	hoch	weder/noch	gering	sehr gering
1	2	3	4	5
☐	☐	☐	☐	☐

6. Wie hoch bewerten Sie das Risiko, dass vertrauliche Daten durch die eigenen Mitarbeiter abhanden kommen können?

sehr hoch	hoch	weder/noch	gering	sehr gering
1	2	3	4	5
☐	☐	☐	☐	☐

7. Wie gut schätzen Sie, ist Ihr Unternehmen vor dem Verlust oder dem Diebstahl vertraulicher mobiler Informationen geschützt?

sehr gut	gut	weder/noch	schlecht	sehr schlecht
1	2	3	4	5
☐	☐	☐	☐	☐

8. Bewerten Sie bitte folgende Maßnahmen, wie sehr sie vertrauliche Informationen in der mobilen Kommunikation im Unternehmen schützen:

	sehr gut 1	gut 2	weder/noch 3	schlecht 4	sehr schlecht 5
a) Richtlinien	☐	☐	☐	☐	☐
b) Mitarbeiterschulung	☐	☐	☐	☐	☐
c) Einsatz von Software	☐	☐	☐	☐	☐
d) Datensicherung	☐	☐	☐	☐	☐

9. Welche der folgenden Maßnahmen nutzen Sie zum Schutze der Vertraulichkeit in der mobilen Kommunikation?

a) Richtlinien ☐
b) Mitarbeiterschulung ☐
c) Einsatz von Software ☐
d) Datensicherung ☐

10. Welche der folgenden Maßnahmen planen Sie?

a) Richtlinien ☐
b) Mitarbeiterschulung ☐
c) Einsatz von Software ☐
d) Datensicherung ☐
e) andere ________________________ ☐

11. Welche Gründe haben Sie bisher daran gehindert, mehr für Vertraulichkeit in der mobilen Kommunikation zu tun? (Mehrfachnennungen)

a) Fehlendes Bewusstsein & Unterstützung im Management ☐
b) Fehlendes Bewusstsein bei Mitarbeitern ☐
c) Fehlende Ressourcen/Budget ☐
d) Technische Komplexität ☐
e) Fehlende Zeit ☐
f) Kein Bedarf ☐

Anhang 2 zur Unternehmensbefragung I
Codierungsbogen

Variable	Skalierung	Skala, Ausprägungen
Angaben zum Unternehmen		
Gesprächspartner	nominal	1 = Geschäftsführer 2 = Assistent der Geschäftsführung 3 = Mitarbeiter in der Öffentlichkeitsarbeit 4 = Datenschutzbeauftragter
Mitarbeiter(zahl)	Intervallskala 1 bis 6	1 = unter 10 2 = 10 bis 50 3 = 51 bis 100 4 = 101 bis 250 5 = 251 bis 500 6 = über 500
Branche	nominal	1 = Handel 2 = Industrie 3 = Handwerk 4 = Dienstleistung 5 = Freiberuf

Variable	Skalierung	Skala, Ausprägungen
Situation im Umgang mit vertraulichen Daten		
1. Verantwortlicher im Unternehmen für Vertraulichkeit	nominal	1 = ja 2 = nein 3 = weiß nicht/k. A.
2. Verlorene Mobilgeräte	nominal	1 = ja 2 = nein 3 = weiß nicht/k. A.
3. Informationen dadurch bei externen Personen gelandet	nominal	1 = ja 2 = nein 3 = weiß nicht/k. A.
Einschätzung der potentiellen Gefahren (intern und extern)		
4. Wichtigkeit Schutz von Vertraulich keit	Intervallskala 1 bis 5	1 = sehr hoch 2 = hoch 3 = weder/noch 4 = gering 5 = sehr gering
5. Sicherheitsbewusstsein der Mitarbeiter	Intervallskala 1 bis 5	1 = sehr hoch 2 = hoch 3 = weder/noch 4 = gering 5 = sehr gering
6. Risiko des Abhandenkommens von Daten	Intervallskala 1 bis 5	1 = sehr hoch 2 = hoch 3 = weder/noch 4 = gering 5 = sehr gering
7. Schutz vor Verlust/ Diebstahl von vertraulichen Daten	Intervallskala 1 bis 5	1 = sehr gut 2 = gut 3 = weder/noch 4 = schlecht 5 = sehr schlecht

Variable	Skalierung	Skala, Ausprägungen
Maßnahmen zum Schutz vertraulicher Daten		
8.a) Richtlinien als Schutz	Intervallskala 1 bis 5	1 = sehr gut 2 = gut 3 = weder/noch 4 = schlecht 5 = sehr schlecht
8.b) Mitarbeiterschulung als Schutz	Intervallskala 1 bis 5	1 = sehr gut 2 = gut 3 = weder/noch 4 = schlecht 5 = sehr schlecht
8.c) Einsatz von Software als Schutz	Intervallskala 1 bis 5	1 = sehr gut 2 = gut 3 = weder/noch 4 = schlecht 5 = sehr schlecht
8.d) Datensicherung als Schutz	Intervallskala 1 bis 5	1 = sehr gut 2 = gut 3 = weder/noch 4 = schlecht 5 = sehr schlecht
9.a) Nutzen von Richtlinien	nominal, dichotom	1 = ja 0 = nein
9.b) Nutzen von Mitarbeiterschulung	nominal, dichotom	1 = ja 0 = nein
9.c) Nutzen von Softwareeinsatz	nominal, dichotom	1 = ja 0 = nein
9.d) Nutzen von Datensicherung	nominal, dichotom	1 = ja 0 = nein
10.a) Planung von Richtlinien	nominal, dichotom	1 = ja 0 = nein
10.b) Planung von Mitarbeiterschulung	nominal, dichotom	1 = ja 0 = nein
10.c) Planung von Softwareeinsatz	nominal, dichotom	1 = ja 0 = nein
10.d) Planung von Datensicherung	nominal, dichotom	1 = ja 0 = nein
10.e) Planung andere	offen	Kategorien nach Antworten
11.a) Grund fehlendes Bewusstsein & Unterstützung im Management	nominal, dichotom	1 = ja 0 = nein
11.b) Grund fehlendes Bewusstsein bei Mitarbeitern	nominal, dichotom	1 = ja 0 = nein
11.c) Grund fehlendes Budget	nominal, dichotom	1 = ja 0 = nein
11.d) Grund technische Komplexität	nominal, dichotom	1 = ja 0 = nein
11.e) Grund fehlende Zeit	nominal, dichotom	1 = ja 0 = nein
11.f) Grund Kein Bedarf	nominal, dichotom	1 = ja 0 = nein

Anhang 3 zur Unternehmensbefragung I
Ergänzende Diagramme und Tabellen

Häufigkeitsverteilung zur Bedeutung der Vertraulichkeit im Unternehmen (Frage 4 im Fragebogen)

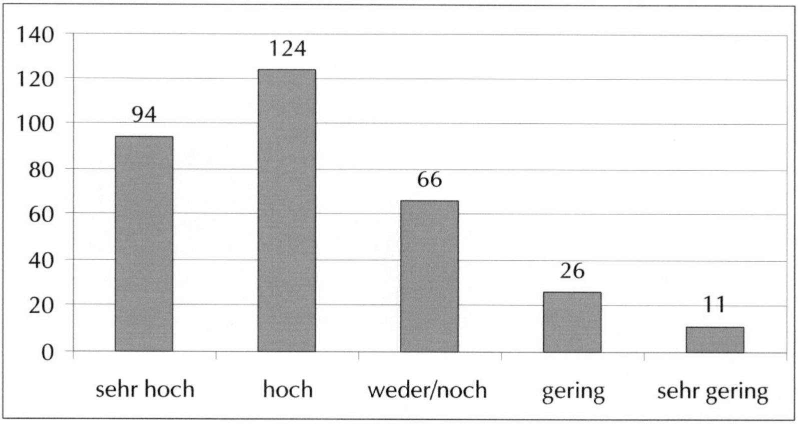

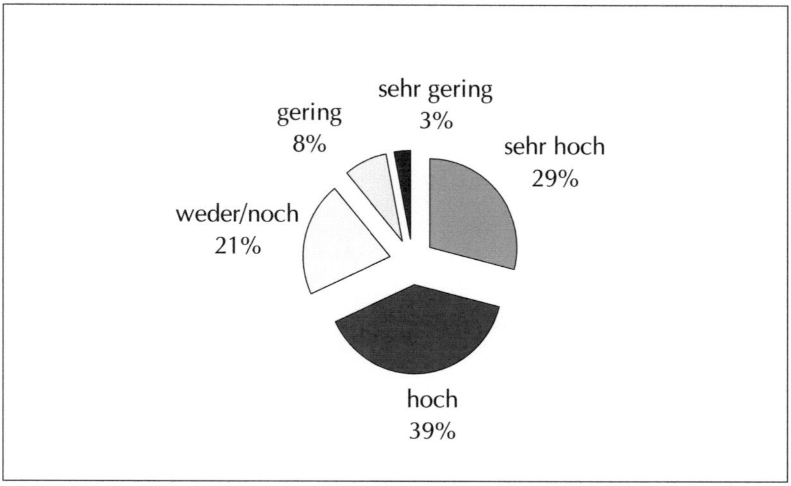

Häufigkeitsverteilung zum Sicherheitsbewusstsein der Mitarbeiter (Frage 5 im Fragebogen)

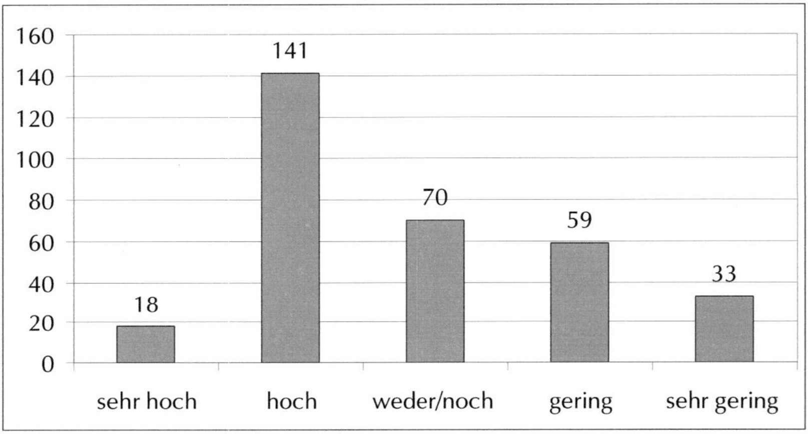

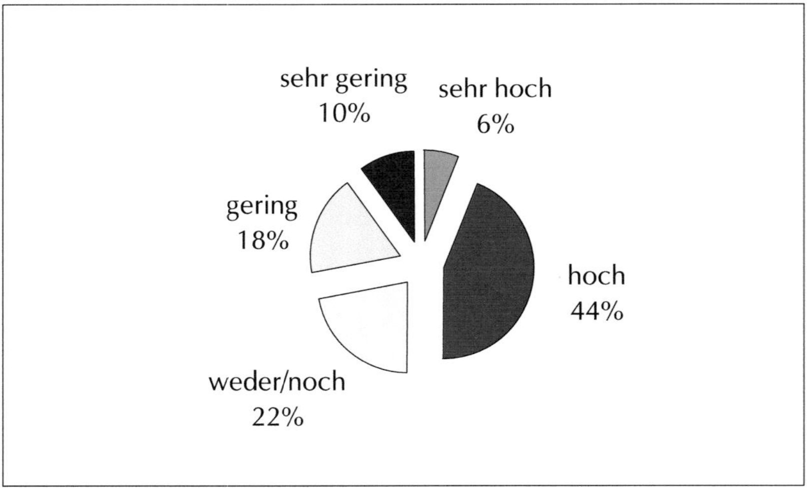

Häufigkeitsverteilung zum Risiko des Verlusts vertraulicher Daten (Frage 6 im Fragebogen)

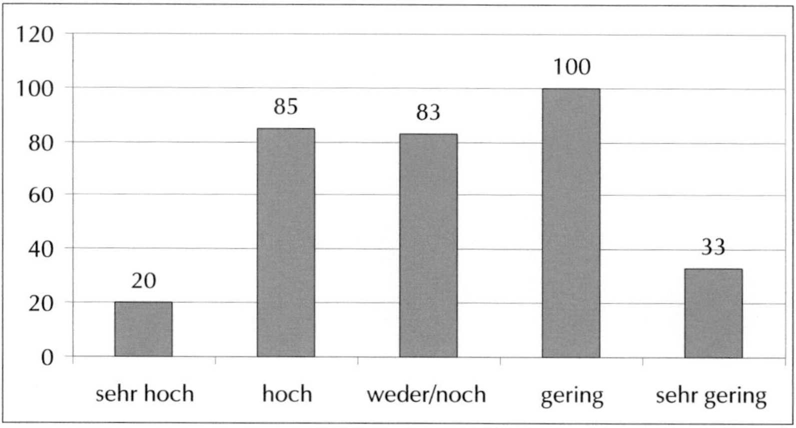

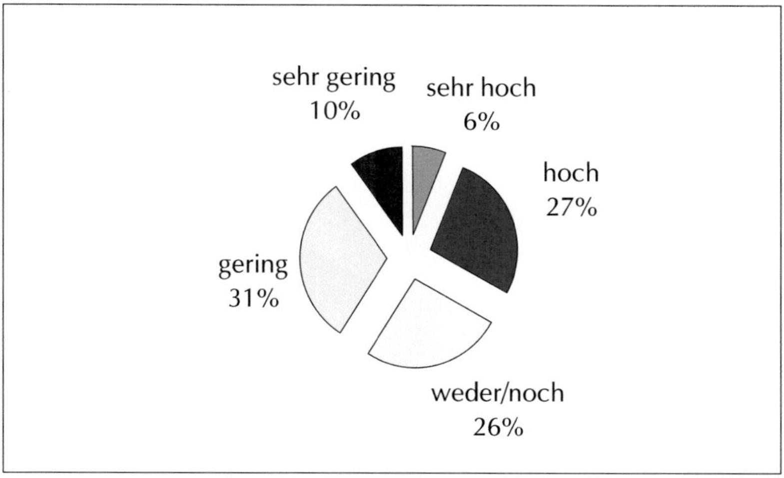

Häufigkeitsverteilung zum Schutz der Unternehmen vor den Verlust vertraulicher Daten (Frage 7 im Fragebogen)

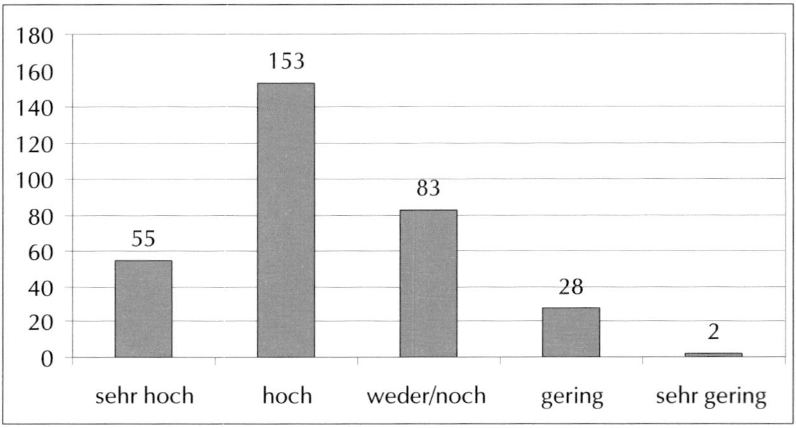

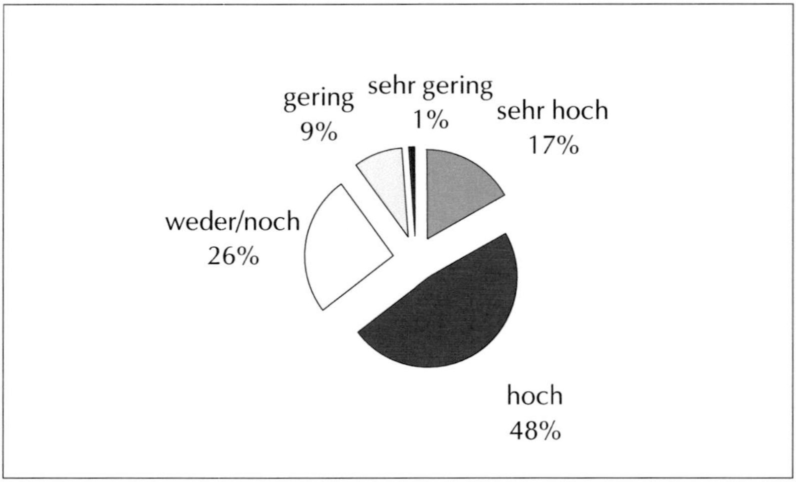

Häufigkeitsverteilung zur Bewertung von Richtlinien (Frage 8 im Fragebogen)

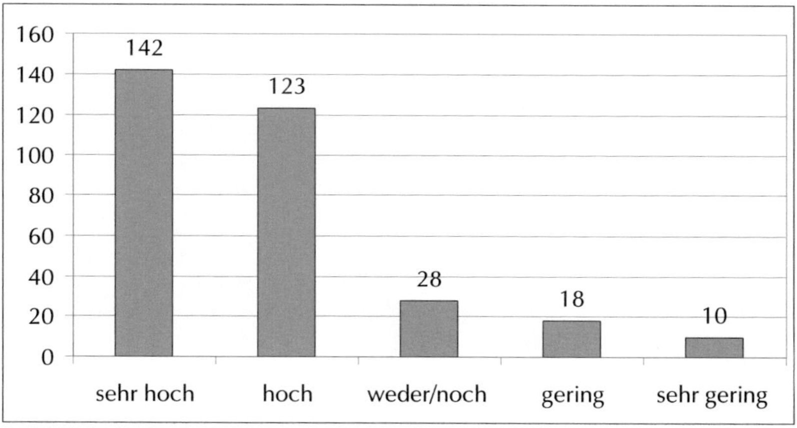

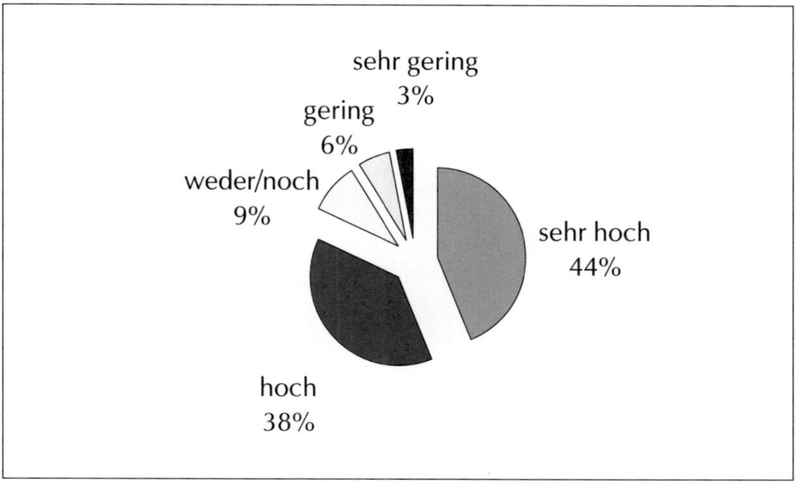

Häufigkeitsverteilung zur Bewertung von Mitarbeiterschulungen (Frage 8 im Fragebogen)

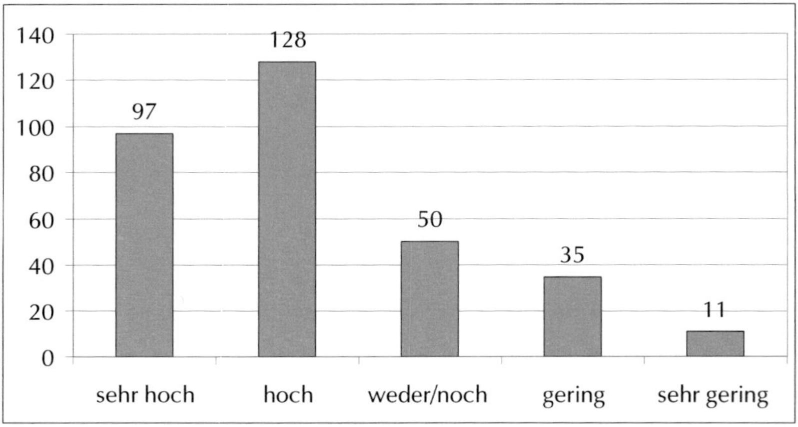

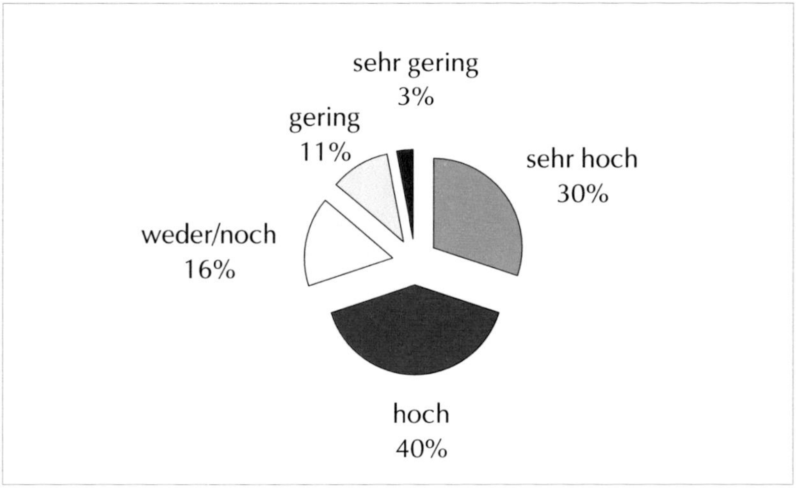

Häufigkeitsverteilung zur Bewertung des Einsatzes von Software (Frage 8 im Fragebogen)

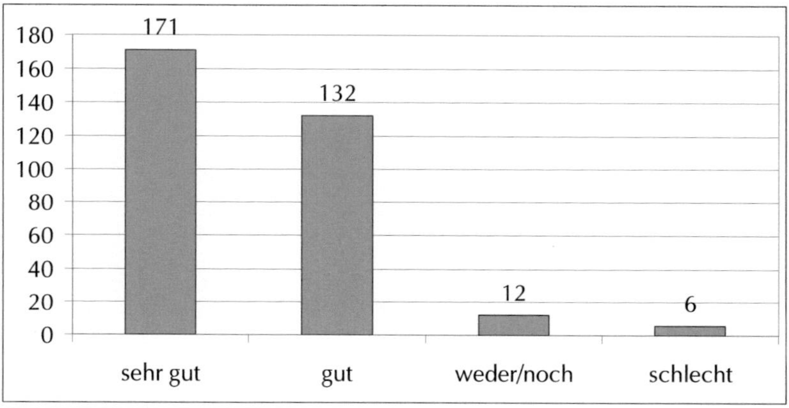

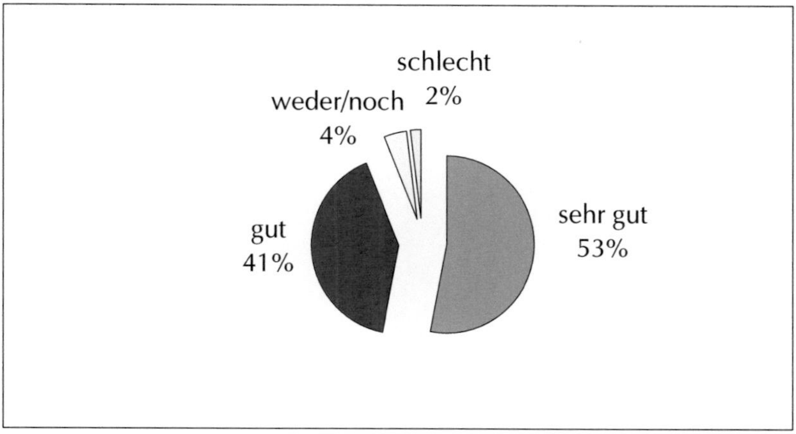

Häufigkeitsverteilung zur Bewertung der Datensicherung
(Frage 8 im Fragebogen)

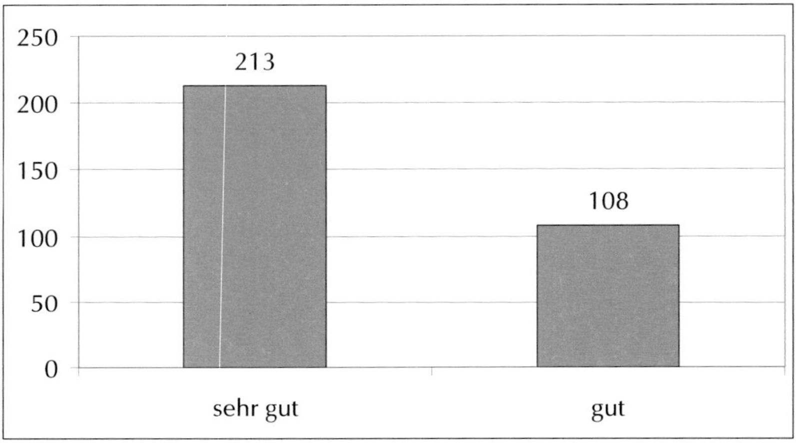

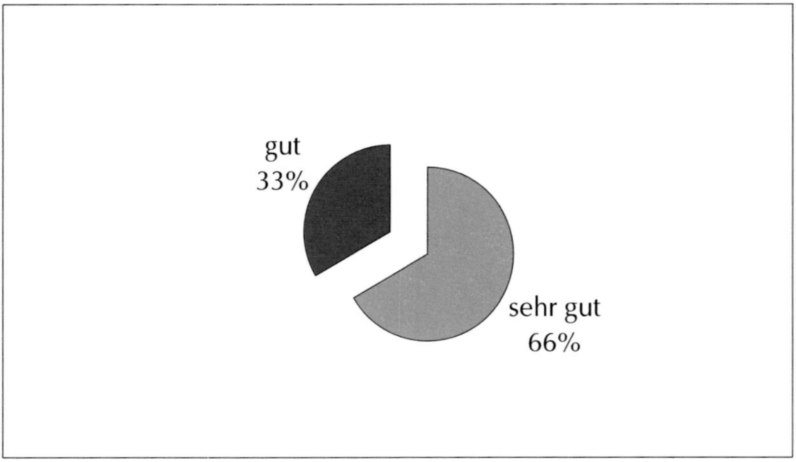

Anhang 1 zur Unternehmensbefragung II
Fragebogen

Befragung Vertraulichkeit – Bedeutung

Unternehmensnummer:__________ **Größe** (nach Gruppe): __________ **Sektor**: __________

Item	Rating Risiko 0 - 4	Rating Schaden 0 - 4
Auslesen von Daten aus verlorenen Handys, Sticks etc.		
Auslesen durch Hacker über Bluetooth-Einwahl		
Mithören/-schneiden von Telefonaten im öffentlichen Raum		
Mithören/-schneiden von Telefonaten im nichtöffentlichen Raum (Büro vs. privat)		
Mitlesen von SMS		
Abfangen von fehlgeleiteten Fax-Sendungen		
Abfangen von umgeleiteten SMS ohne Weiterleiten		
Auslesen durch Hackereinwahl		
Auslesen über Trojaner/Viren etc.		
Auslesen von verlorenen/gestohlenen Laptops, Smartphones, Sticks etc.		
Aufzeichnen des Datenflusses aus ungesicherten WLAN -, UMTS-, GPRS- und Bluetooth-Verbindungen		
„Abhören"/Mitschneiden VoIP-Kommunikation		
Mitlesen von Emails		
Mitlesen von FTP-Datensendungen		
„Shoulder Surfing"		
Phishing		
Auslesen von umgeleiteten Emails		
Auslesen von umgeleiteten FTP-Sendungen		
Mithören von Gesprächen im öffentlichen Raum (z. B. Flugzeug, Zug, Café, Outdoor-Präsentation)		
Mithören von Gesprächen im nichtöffentlichen Raum (Büro vs. privat)		
Mitlesen im öffentlichen Raum (z. B. Flugzeug, Zug, Café, Outdoor-Präsentation)		
Mitlesen von geöffneten, aber dennoch weitergeleiteten oder fehlgeleiteter Postsendungen		
Mitlesen im nichtöffentlichen Raum (z. B. Büro vs. privat)		
Auslesen von liegen gebliebenen nichtelektronischen Unterlagen im öffentlichen Raum (Windstoß, Flugzeug, Zug, Café)		
Auslesen von liegen gebliebenen nichtelektronischen Unterlagen im nichtöffentlichen Raum (Büro vs. privat)		
Abfangen von um- oder fehlgeleiteten Postsendungen (ohne Weiterleitung)		

Interviewer, Platz Nr. ______

Anhang 2 zur Unternehmensbefragung II
Tabelle und Diagramme zu Sektorenzugehörigkeit

Leckage	Industrie	Handel	Dienstl.	Handwerk	Freiberuf	Risiko/Schaden
Auslesen von Daten aus verlorenen	2,4	2,0	2,9	1,5	3,1	S
Handys, Sticks etc.	2,1	2,2	2,0	0,7	2,3	R
Auslesen durch Hacker über Bluetooth-	2,2	1,9	2,9	1,2	2,9	S
Einwahl	0,2	0,3	0,5	0,0	0,6	R
Mithören/-schneiden von Telefonaten im	2,3	2,6	2,8	1,2	2,4	S
öffentlichen Raum	3,1	3,1	2,7	2,2	2,7	R
Mithören/-schneiden von Telefonaten im	2,4	2,8	3,1	1,1	3,3	S
nichtöffentlichen Raum (Büro vs. privat)	1,5	1,0	1,1	0,3	0,7	R
Mitlesen von SMS	0,5	0,4	0,9	0,2	1,4	S
	0,2	0,2	0,5	0,0	0,7	R
Abfangen von fehlgeleiteten Fax-	1,9	1,9	1,9	0,9	2,6	S
Sendungen	1,8	2,4	1,9	1,4	2,0	R
Abfangen von umgeleiteten SMS ohne	0,6	0,4	1,1	0,2	1,6	S
Weiterleiten	0,1	0,1	0,2	0,0	0,3	R
PC Auslesen durch Hackereinwahl	2,8	2,4	2,9	1,3	3,5	S
	1,7	1,8	1,9	1,4	1,2	R
PC Auslesen über Trojaner/Viren etc.	2,7	2,3	2,8	1,1	3,4	S
	1,6	1,7	1,9	1,2	0,9	R
Auslesen von verlorenen/gestohlenen	3,1	2,6	3,1	1,4	3,5	S
Laptops, Smartphones, Sticks etc.	1,7	1,9	2,0	0,4	1,8	R
Aufzeichnen des Datenflusses aus unge-	3,2	2,9	3,0	1,1	3,4	S
sicherten WLAN/UMTS/GPRS/BT-Verb.	1,7	1,6	2,0	0,9	1,2	R
„Abhören"/Mitschneiden VoIP-	1,1	0,4	1,2	0,3	1,1	S
Kommunikation	0,3	0,2	0,5	0,0	0,8	R
Mitlesen von Emails	2,0	2,2	2,8	1,1	3,3	S
	1,2	1,4	1,6	0,6	1,5	R
Mitlesen von FTP-Datensendungen	0,3	0,0	0,3	0,1	0,2	S
	0,3	0,2	0,3	0,0	0,2	R
„Shoulder Surfing"	1,2	0,2	1,8	0,1	2,6	S
	3,2	3,0	2,9	2,2	3,1	R

Mittelwerte der Einschätzung der Unternehmen zu Eintrittsrisiko (=R) und Schaden bei Eintritt (=S), differenziert nach Sektorenzugehörigkeit (Teil 1)

Leckage	**Industrie**	**Handel**	**Dienstl.**	**Handwerk**	**Freiberuf**	**Risiko/Schaden**
Phishing	2,9	3,0	2,7	2,6	2,9	S
	2,2	2,4	1,9	1,8	1,8	R
Auslesen von umgeleiteten Emails ohne	2,1	2,1	3,1	1,0	3,3	S
Weiterleitung	1,0	1,3	1,6	0,6	1,2	R
Auslesen von umgeleiteten FTP-	0,3	0,0	0,2	0,1	0,3	S
Sendungen	0,1	0,2	0,0	0,3	0,0	R
Mithören von Gesprächen im öffentli-	1,4	1,7	0,8	0,2	1,9	S
chen Raum	0,1	0,2	0,0	0,3	0,0	R
Mithören von Gesprächen im nichtöf-	1,5	1,8	0,8	0,4	2,0	S
fentlichen Raum (Büro vs. privat)	2,0	1,9	1,6	2,4	1,9	R
Mitlesen im öffentlichen Raum	1,4	1,9	0,9	0,1	2,3	S
	2,9	2,9	2,9	3,1	2,7	R
Mitlesen von geöffneten, aber weiterge-	3,0	2,4	3,1	1,7	3,3	S
leiteten / fehlgeleiteter Postsendungen	1,5	1,9	1,1	1,3	0,9	R
Mitlesen im nichtöffentlichen Raum (z.	1,5	1,9	0,9	0,2	2,4	S
B. Büro vs. privat)	1,1	1,1	1,8	2,1	1,9	R
Auslesen von liegen gebliebenen nicht-	2,1	1,6	2,1	0,1	2,4	S
elektr. Unterlagen im öffentli. Raum	1,9	2,2	2,1	2,3	1,9	R
Auslesen von liegen gebliebenen nicht-	1,5	1,9	0,9	0,2	2,4	S
elektr. Unterlagen im n.ö. Raum	0,9	1,1	1,2	0,6	1,0	R
Abfangen von um- oder fehlgeleiteten	3,1	2,7	3,1	1,6	3,3	S
Postsendungen (ohne Weiterleitung)	1,2	1,5	1,0	1,3	1,0	R

Mittelwerte der Einschätzung der Unternehmen zu Eintrittsrisiko (=R) und Schaden bei Eintritt (=S), differenziert nach Sektorenzugehörigkeit (Teil 2)

Auslesen von Daten aus verlorenen Handys, Sticks etc.

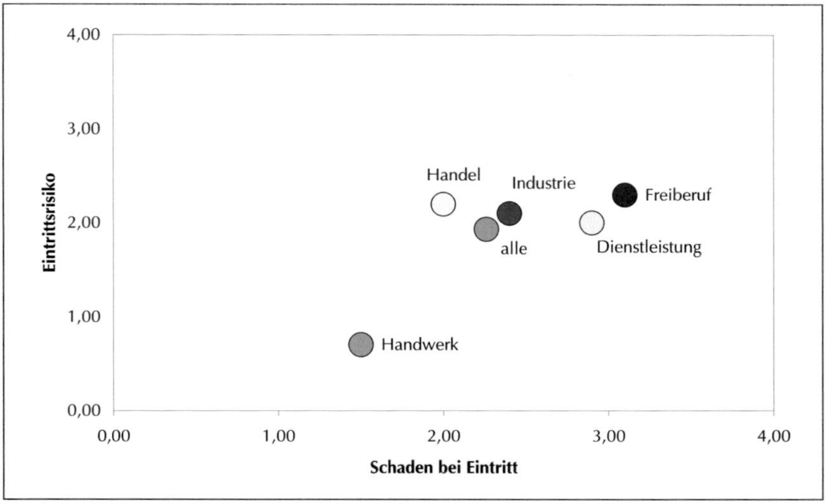

Auslesen durch Hacker über Bluetooth-Einwahl

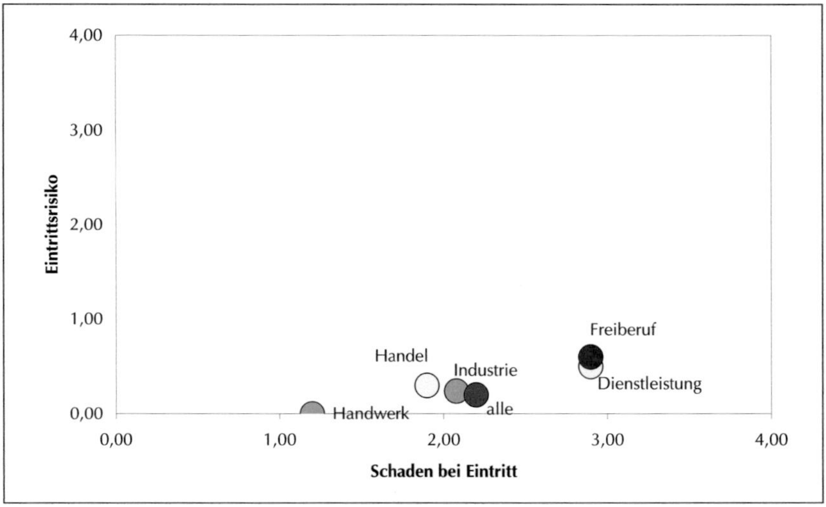

Mithören/-schneiden von Telefonaten im öffentlichen Raum

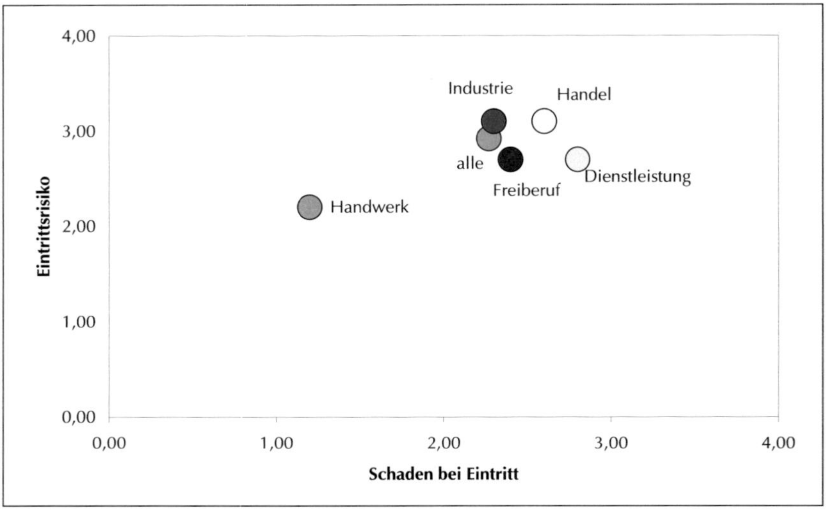

Mithören/-schneiden von Telefonaten im nichtöffentlichen Raum (Büro vs. privat)

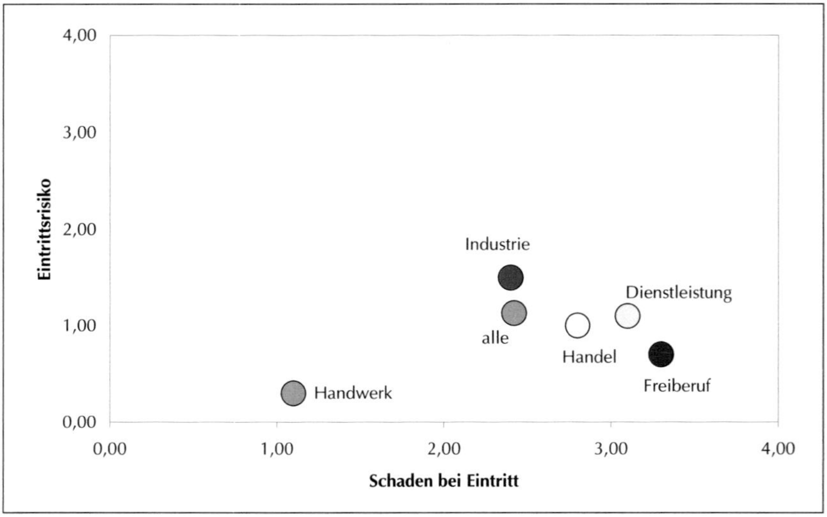

Mitlesen von SMS

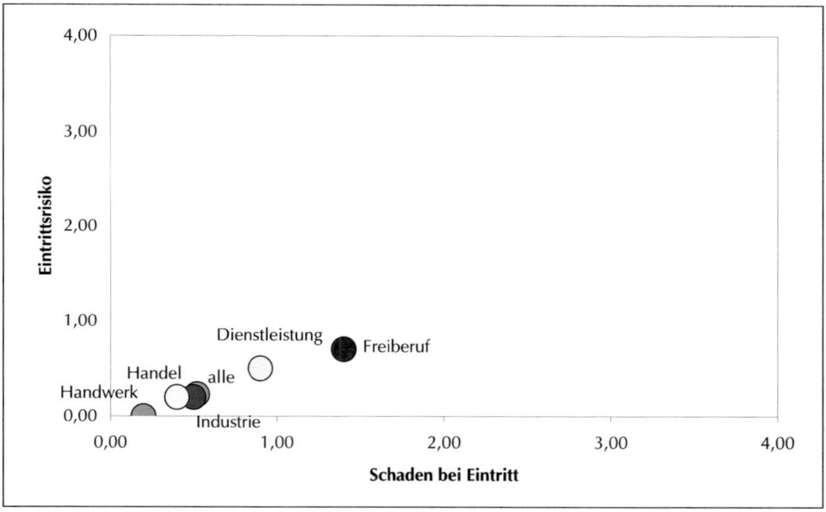

Abfangen von fehlgeleiteten Fax-Sendungen

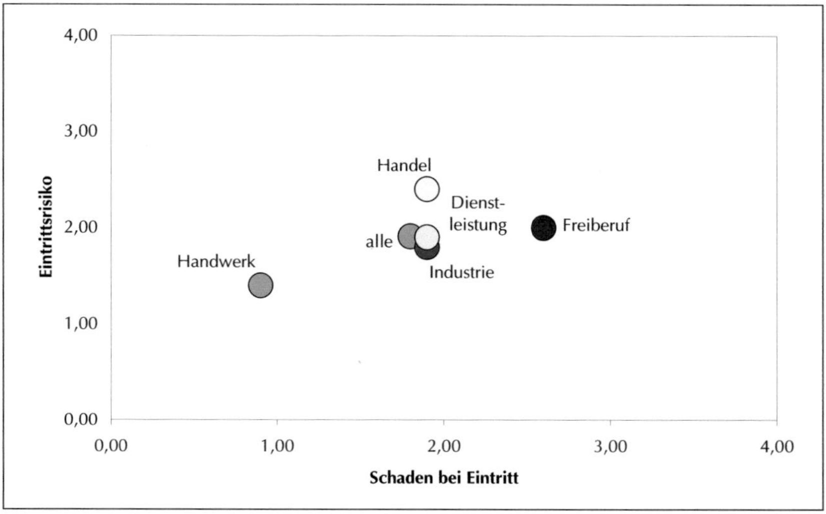

Abfangen von umgeleiteten SMS ohne Weiterleiten

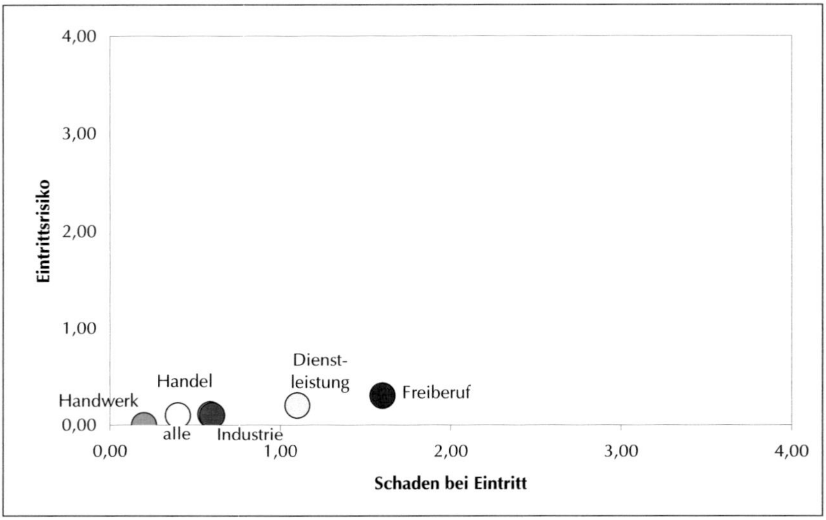

PC Auslesen durch Hackereinwahl

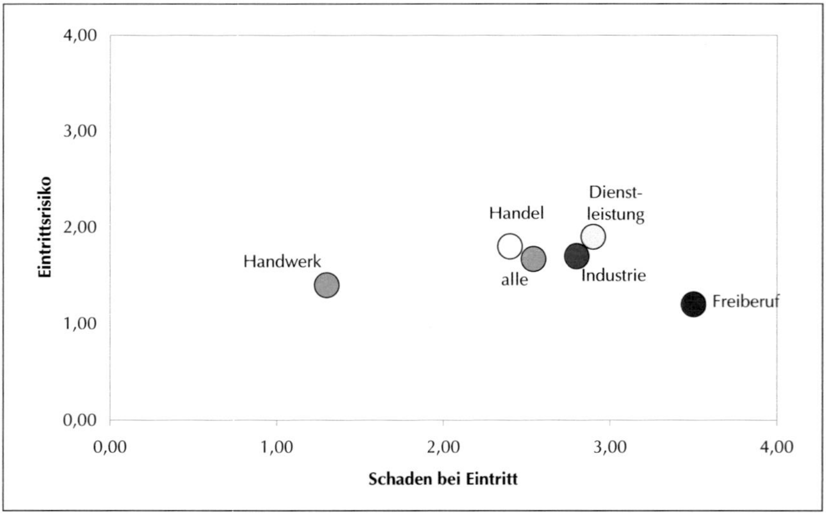

PC Auslesen über Trojaner/Viren etc.

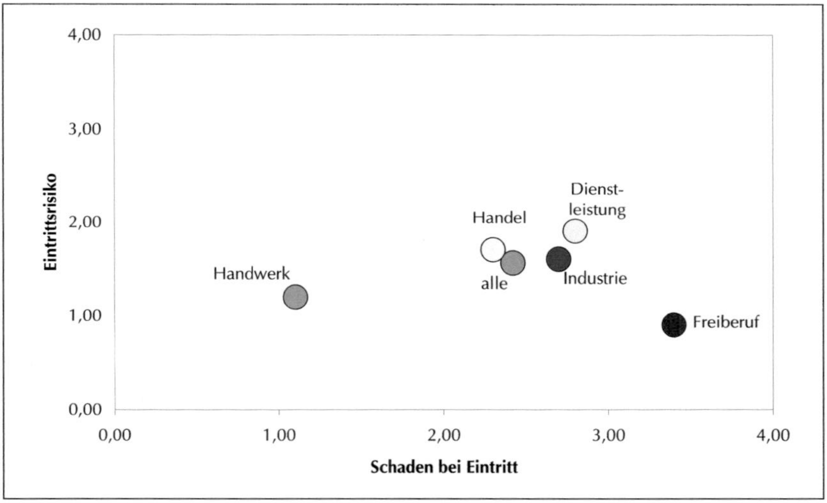

Auslesen von verlorenen/gestohlenen Laptops, Smartphones, Sticks etc.

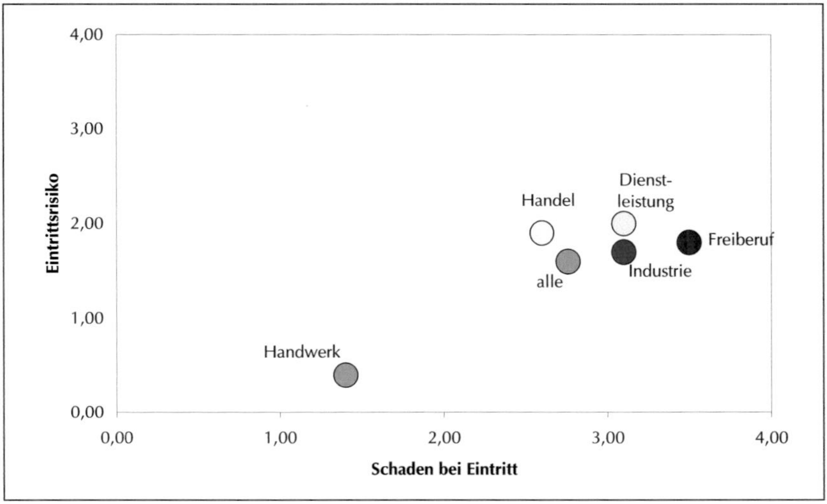

Aufzeichnen des Datenflusses aus ungesicherten WLAN -, UMTS-, GPRS- und Bluetooth-Verbindungen

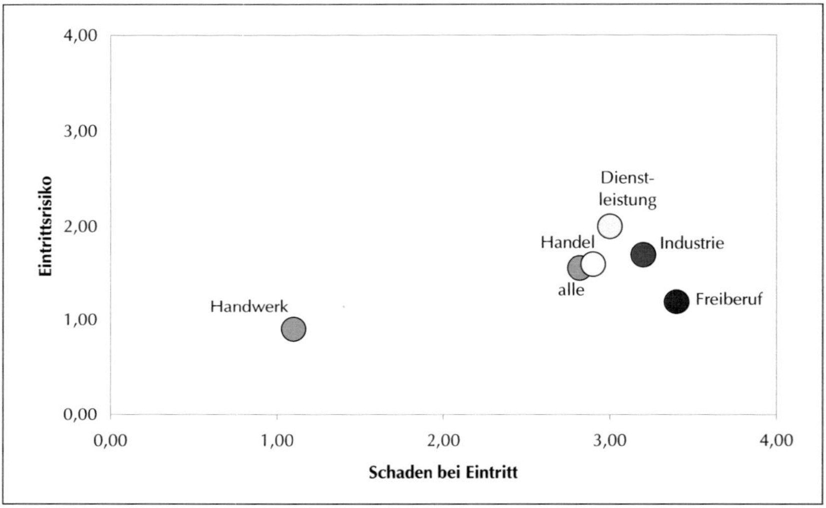

„Abhören"/Mitschneiden VoIP-Kommunikation

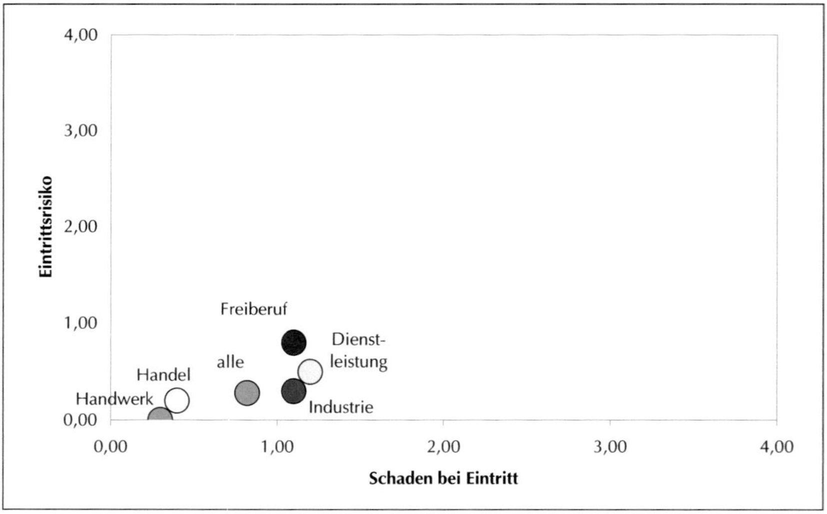

Mitlesen von Emails

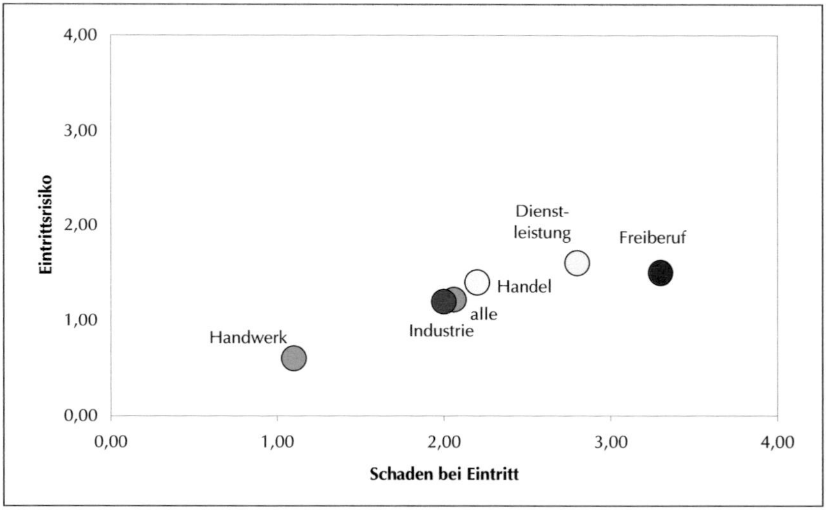

Mitlesen von FTP-Datensendungen

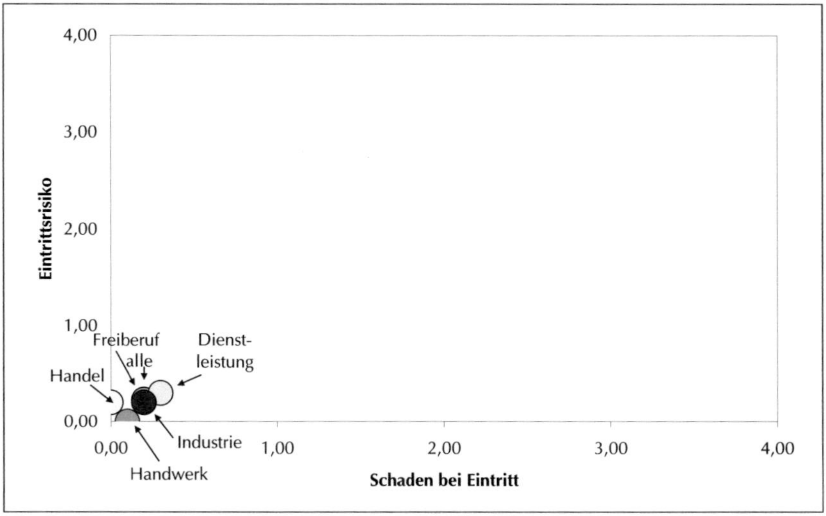

„Shoulder Surfing"

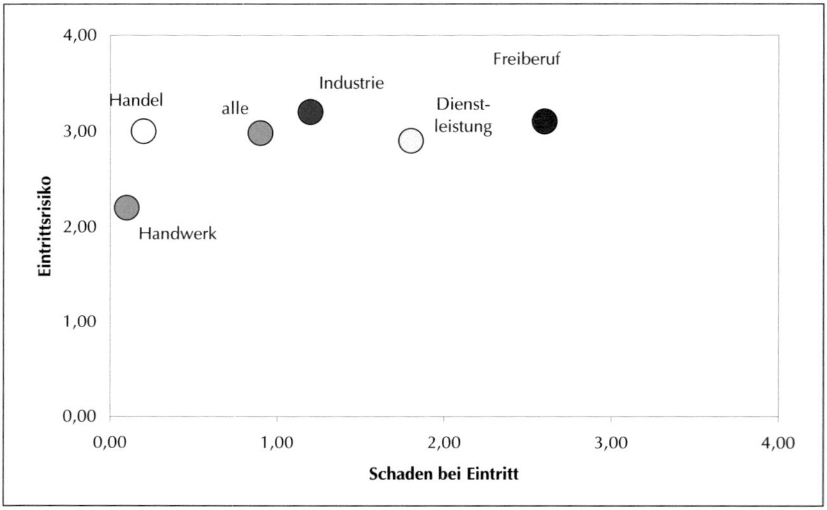

Phishing

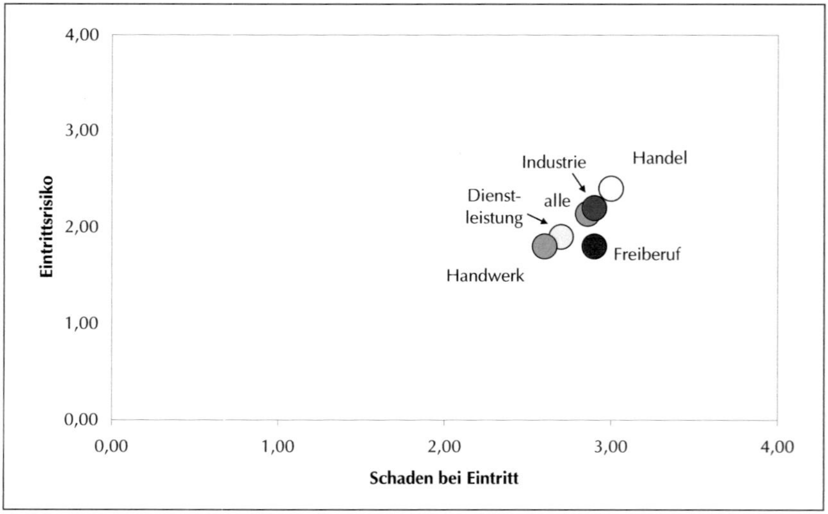

Auslesen von umgeleiteten Emails ohne Weiterleitung

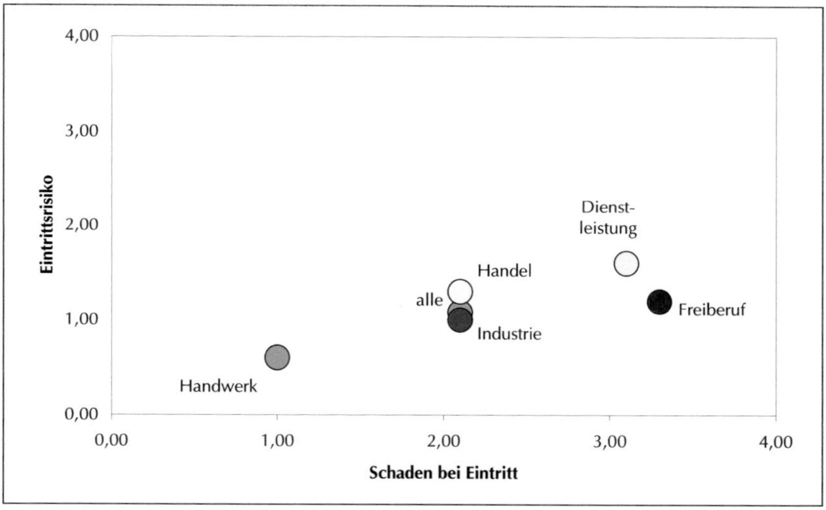

Auslesen von umgeleiteten FTP-Sendungen

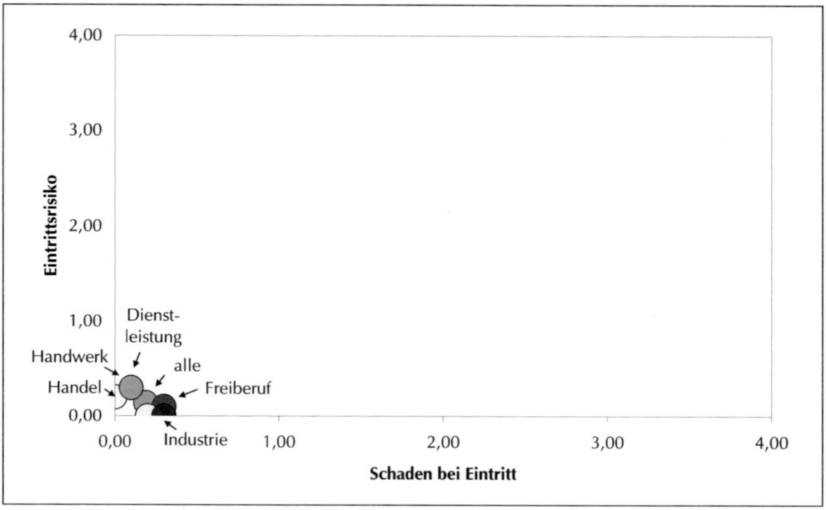

Mithören von Gesprächen im öffentlichen Raum (z. B. Flugzeug, Zug, Café, Outdoor-Präsentation)

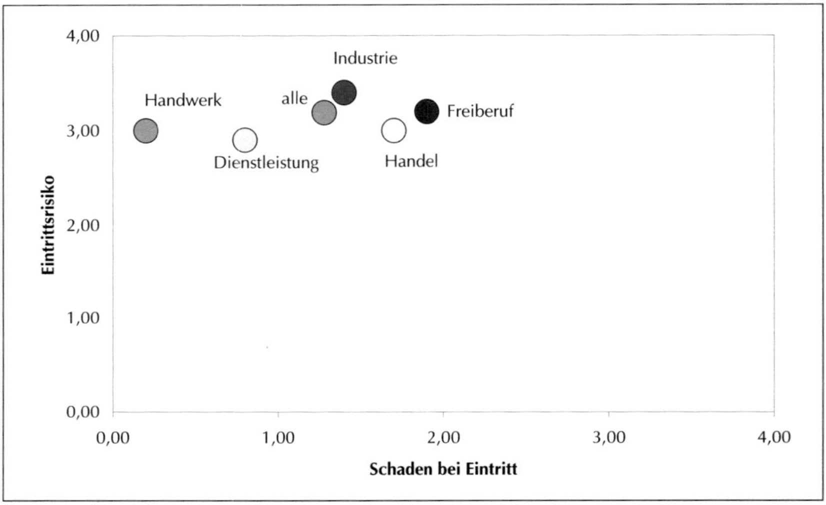

Mithören von Gesprächen im nichtöffentlichen Raum (Büro vs. privat)

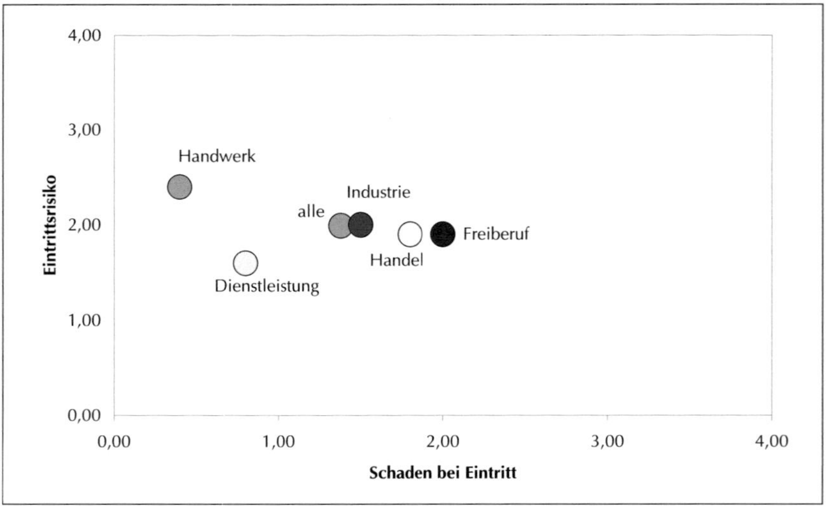

Mitlesen im öffentlichen Raum
(z. B. Flugzeug, Zug, Café, Outdoor-Präsentation)

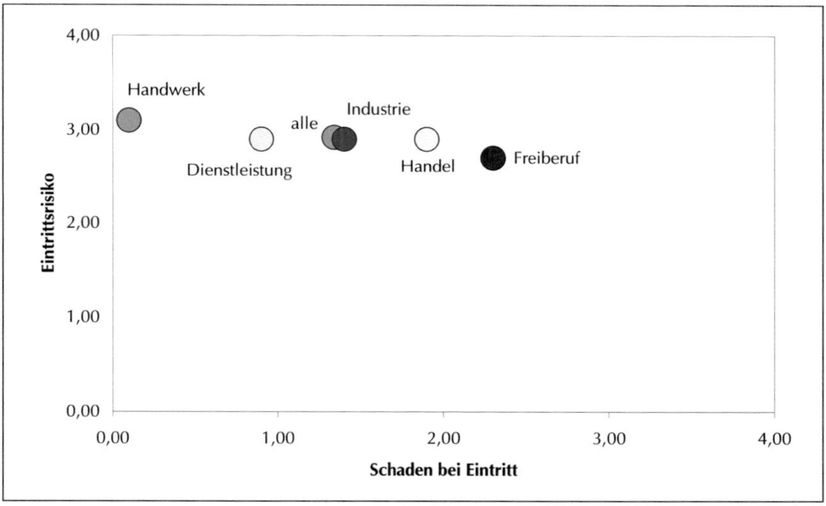

Mitlesen von geöffneten,
aber dennoch weitergeleiteten oder fehlgeleiteten Postsendungen

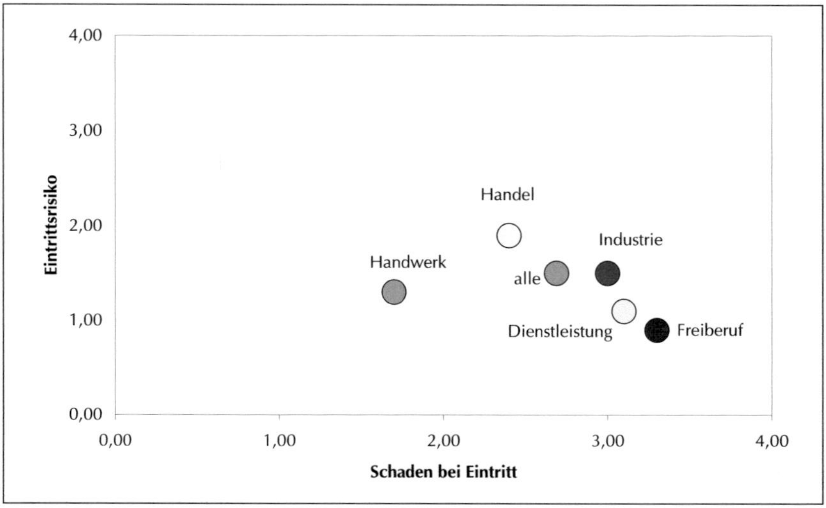

Mitlesen im nichtöffentlichen Raum (z. B. Büro vs. privat)

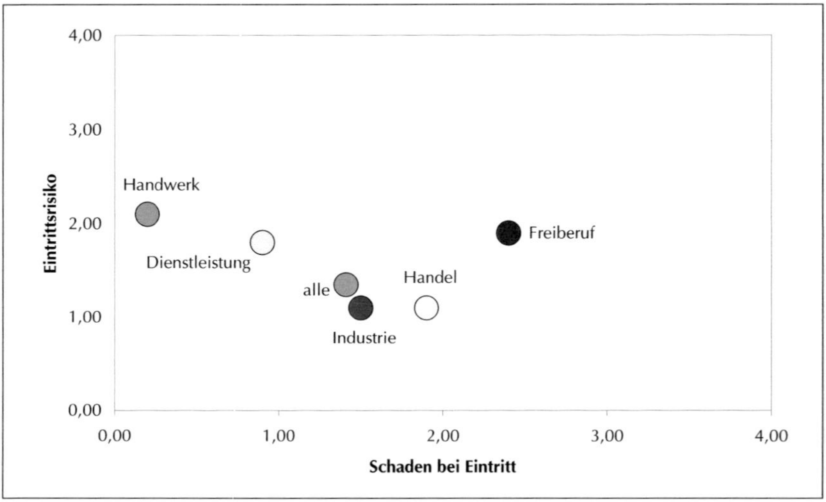

Auslesen von liegen gebliebenen nichtelektronischen Unterlagen im öffentlichen Raum (Windstoß, Flugzeug, Zug...)

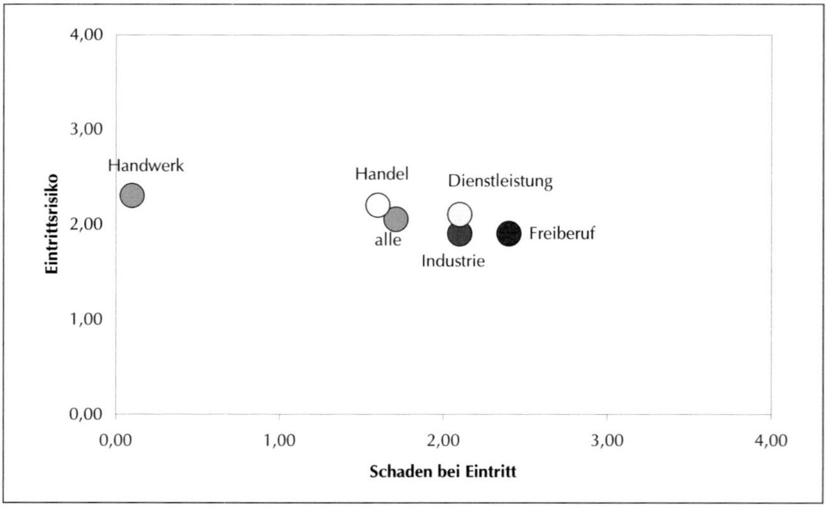

Auslesen von liegen gebliebenen nichtelektronischen Unterlagen im nichtöffentlichen Raum (Büro vs. privat)

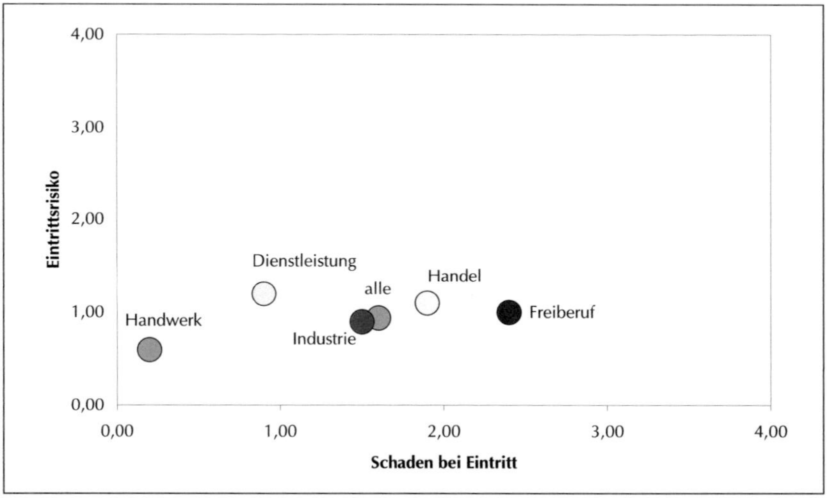

Abfangen von um- oder fehlgeleiteten Postsendungen (ohne Weiterleitung)

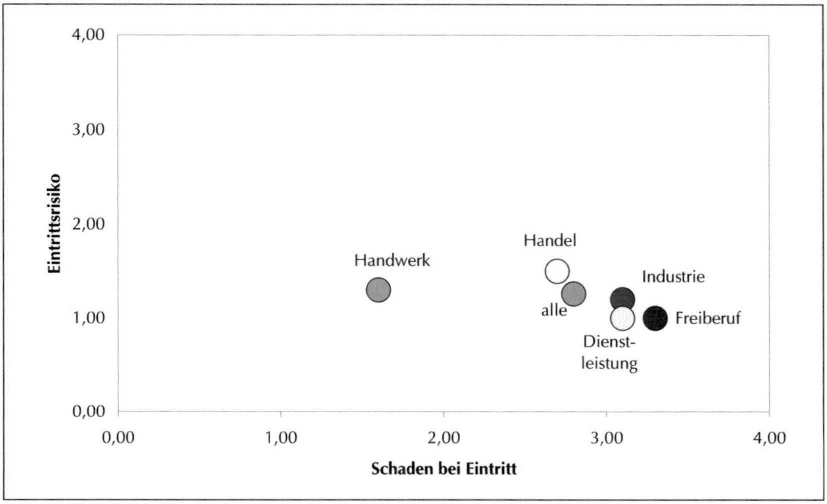

Anhang 3 zur Unternehmensbefragung II
Tabelle und Diagramme zu Unternehmensgröße

Leckage	< 10	10 bis 50	51 bis 150	151 bis 250	251 bis 500	> 500	Risiko/Schaden
Auslesen von Daten aus verlorenen Handys, Sticks etc.	2,4	2,0	2,2	2,3	2,4	2,4	S
	1,7	1,5	2,0	2,1	2,1	2,1	R
Auslesen durch Hacker über Bluetooth-Einwahl	2,2	1,8	2,1	2,1	2,2	2,2	S
	0,3	0,2	0,3	0,2	0,2	0,2	R
Mithören/-schneiden von Telefonaten im öffentlichen Raum	2,2	2,0	2,4	2,4	2,3	2,3	S
	2,6	2,6	3,0	3,1	3,1	3,1	R
Mithören/-schneiden von Telefonaten im nichtöffentlichen Raum	2,5	2,1	2,6	2,5	2,4	2,4	S
	0,7	0,7	1,1	1,4	1,5	1,5	R
Mitlesen von SMS	0,7	0,5	0,5	0,5	0,5	0,5	S
	0,4	0,2	0,2	0,2	0,2	0,2	R
Abfangen von fehlgeleiteten Fax-Sendungen	1,8	1,5	1,8	1,9	1,9	1,9	S
	1,8	1,8	2,1	1,9	1,8	1,9	R
Abfangen von umgeleiteten SMS ohne Weiterleiten	0,9	0,5	0,5	0,6	0,6	0,6	S
	0,2	0,1	0,1	0,1	0,1	0,1	R
PC Auslesen durch Hackereinwahl	2,5	2,1	2,5	2,7	2,8	2,8	S
	1,5	1,6	1,7	1,7	1,7	1,7	R
PC Auslesen über Trojaner/Viren etc.	2,4	2,0	2,4	2,6	2,7	2,7	S
	1,4	1,4	1,6	1,6	1,6	1,6	R
Auslesen von verlorenen/gestohlenen Laptops, Smartphones, Sticks etc.	2,6	2,3	2,7	3,0	3,1	3,1	S
	1,4	1,2	1,7	1,7	1,7	1,7	R
Aufzeichnen des Datenflusses aus unges.WLAN/UMTS/GPRS/BT-Verb.	2,5	2,2	2,9	3,1	3,2	3,2	S
	1,4	1,3	1,6	1,7	1,7	1,7	R
„Abhören"/Mitschneiden VoIP-Kommunikation	0,8	0,6	0,7	1,0	1,1	1,0	S
	0,4	0,2	0,3	0,3	0,3	0,3	R
Mitlesen von Emails	2,3	1,9	2,2	2,1	2,0	2,0	S
	1,2	1,1	1,3	1,2	1,2	1,2	R
Mitlesen von FTP-Datensendungen	0,2	0,1	0,1	0,2	0,3	0,3	S
	0,2	0,1	0,2	0,3	0,3	0,3	R

Mittelwerte der Einschätzung der Unternehmen zu Eintrittsrisiko (=R) und Schaden bei Eintritt (=S), differenziert nach Sektorenzugehörigkeit (Teil 1)

Leckage	< 10	10 bis 50	51 bis 150	151 bis 250	251 bis 500	> 500	Risiko/Schaden
„Shoulder Surfing“	1,3	0,7	0,7	1,0	1,1	1,1	S
	2,7	2,7	3,0	3,1	3,2	3,2	R
Phishing	2,8	2,8	2,9	2,9	2,9	2,9	S
	1,9	2,0	2,2	2,2	2,2	2,2	R
Auslesen von umgeleiteten Emails ohne Weiterleitung	2,4	1,9	2,2	2,1	2,1	2,1	S
	1,1	1,0	1,2	1,1	1,0	1,0	R
Auslesen von umgeleiteten FTP-Sendungen	0,2	0,1	0,1	0,2	0,3	0,3	S
	0,1	0,2	0,2	0,1	0,1	0,1	R
Mithören von Gesprächen im öffentlichen Raum	1,0	0,9	1,4	1,4	1,4	1,4	S
	3,0	3,0	3,1	3,3	3,4	3,4	R
Mithören von Gesprächen im nichtöffentlichen Raum (Büro vs. privat)	1,1	1,1	1,5	1,5	1,5	1,5	S
	2,0	2,1	1,9	2,0	2,0	2,0	R
Mitlesen im öffentlichen Raum	1,1	1,0	1,5	1,5	1,4	1,4	S
	2,9	3,0	2,9	2,9	2,9	2,9	R
Mitlesen von geöffneten, aber weitergeleiteten / fehlgel.Postsendungen	2,6	2,3	2,6	2,9	3,0	2,9	S
	1,2	1,4	1,6	1,6	1,5	1,5	R
Mitlesen im nichtöffentlichen Raum (z. B. Büro vs. privat)	1,2	1,1	1,6	1,6	1,5	1,5	S
	1,8	1,7	1,3	1,1	1,1	1,1	R
Auslesen von liegen gebliebenen nichtelektr. Unterlagen im ö. Raum	1,5	1,1	1,7	2,0	2,1	2,1	S
	2,1	2,2	2,1	2,0	1,9	1,9	R
Auslesen von liegen gebliebenen nichtelektr. Unterlagen im n.ö. Raum	1,2	1,1	1,6	1,6	1,5	1,5	S
	0,9	0,9	1,0	0,9	0,9	0,9	R
Abfangen von um- oder fehlgeleiteten Postsendungen (ohne Weiterlg)	2,6	2,4	2,8	3,0	3,1	3,1	S
	1,2	1,3	1,3	1,3	1,2	1,2	R

Mittelwerte der Einschätzung der Unternehmen zu Eintrittsrisiko (=R) und Schaden bei Eintritt (=S), differenziert nach Sektorenzugehörigkeit (Teil 2)

Auslesen von Daten aus verlorenen Handys, Sticks etc.

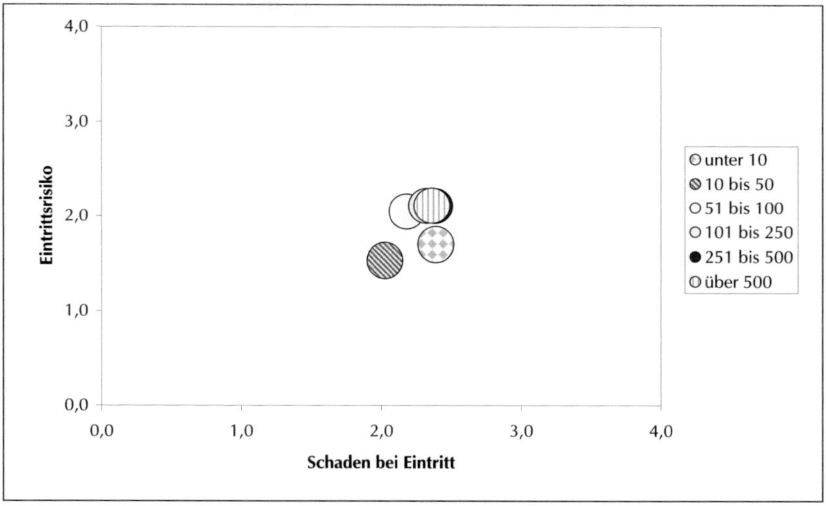

Auslesen durch Hacker über Bluetooth-Einwahl

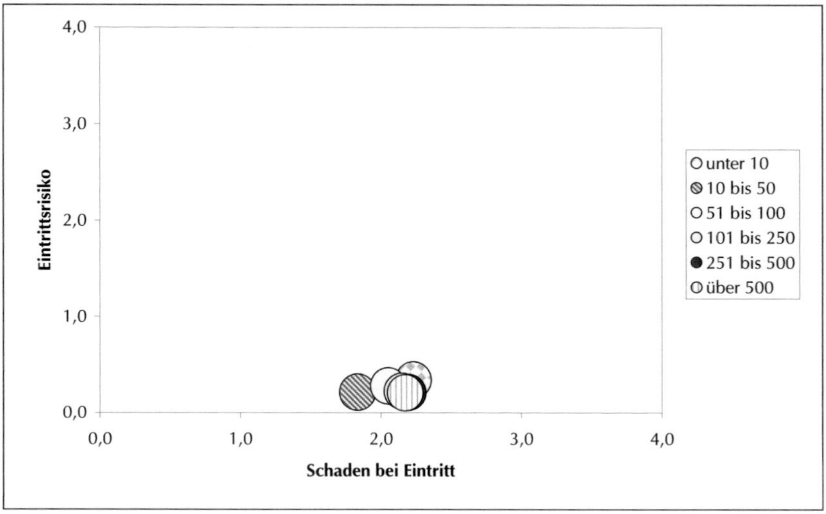

Mithören/-schneiden von Telefonaten im öffentlichen Raum

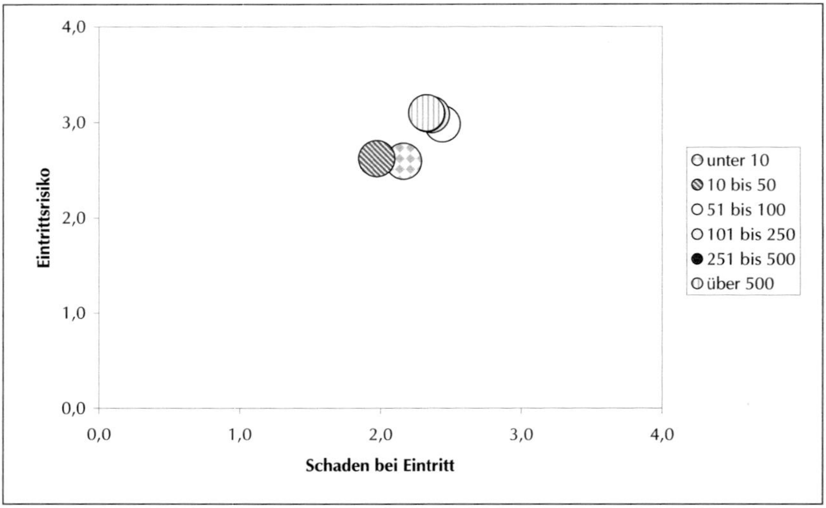

Mithören/-schneiden von Telefonaten im nichtöffentlichen Raum (Büro vs. privat)

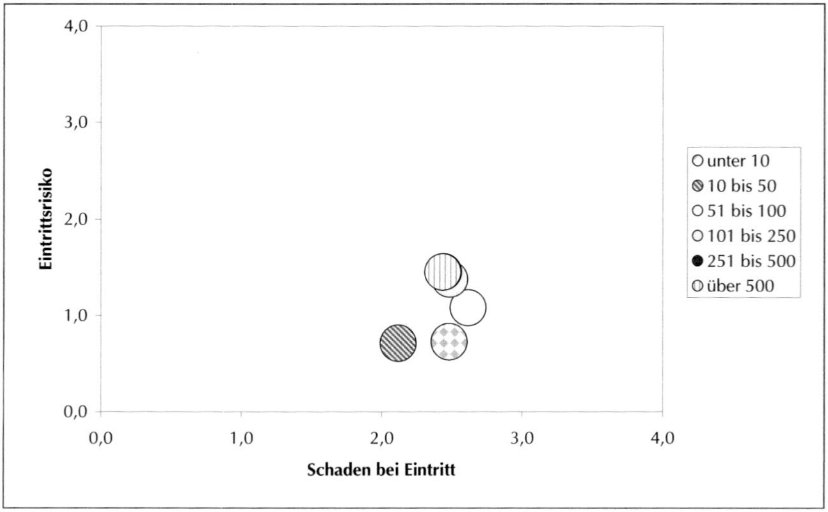

Mitlesen von SMS

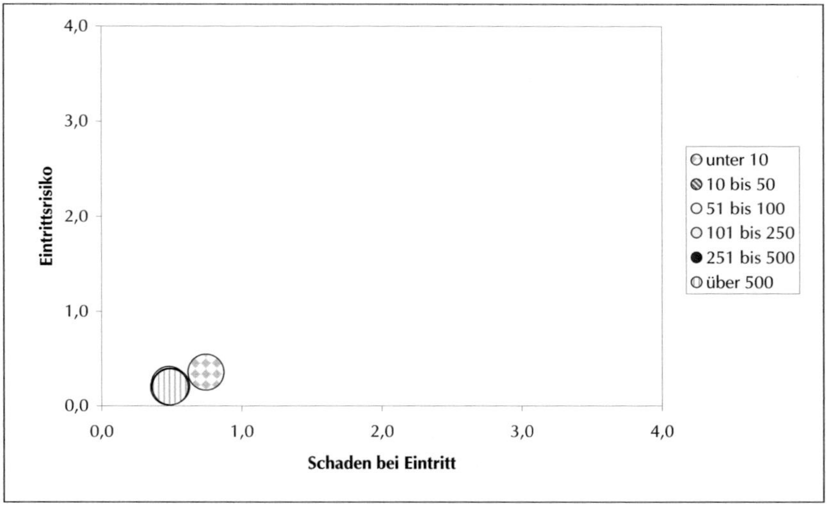

Abfangen von fehlgeleiteten Fax-Sendungen

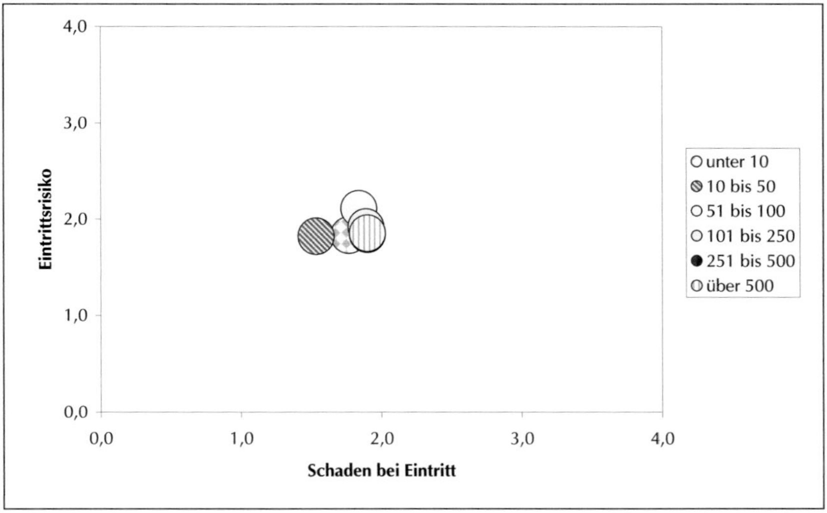

Abfangen von umgeleiteten SMS ohne Weiterleiten

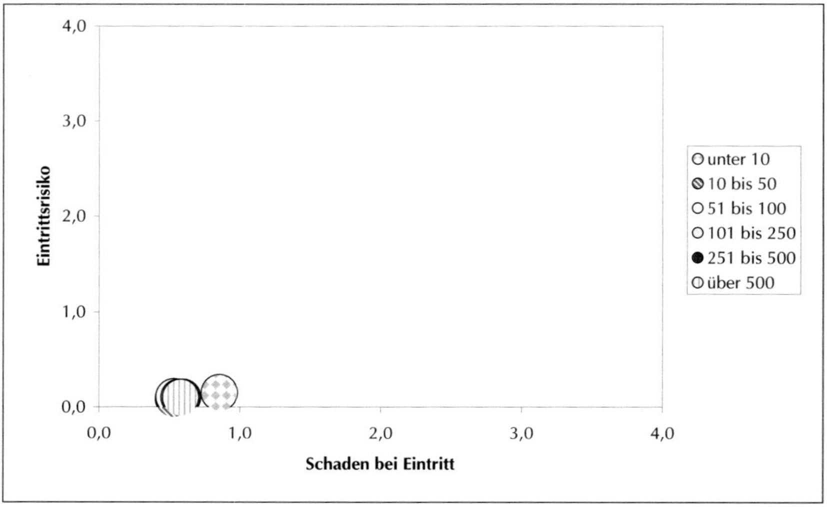

PC Auslesen durch Hackereinwahl

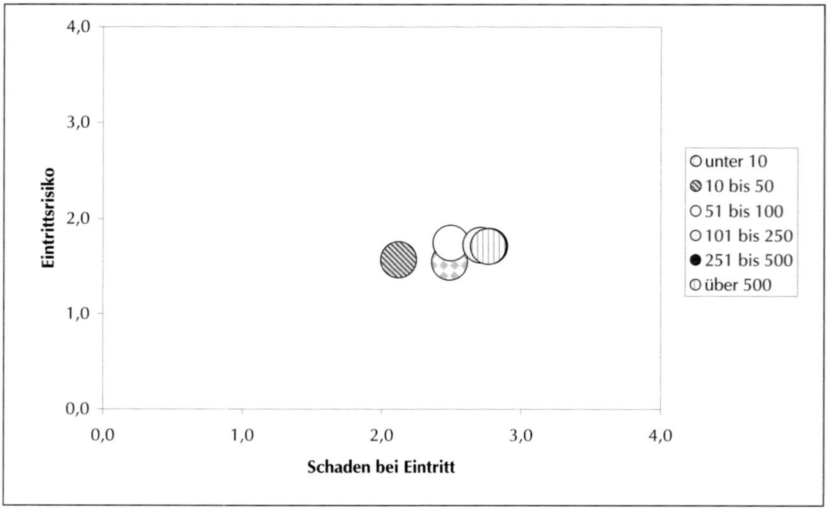

PC Auslesen über Trojaner/Viren etc.

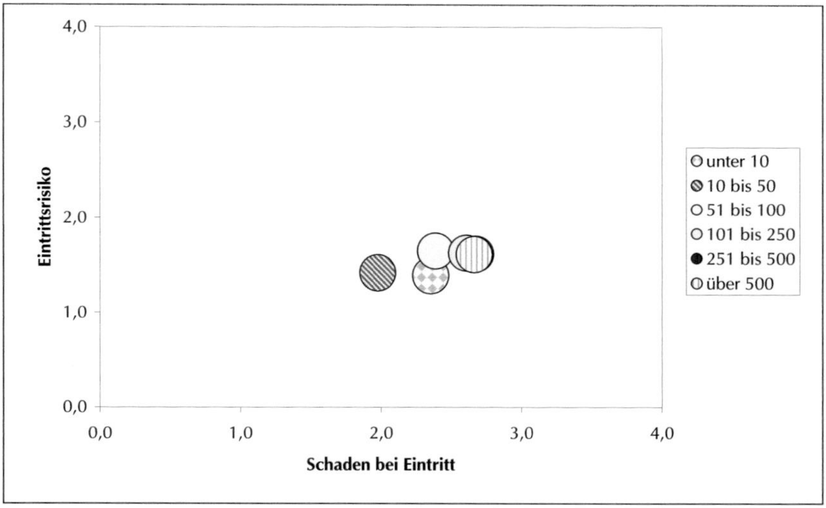

Auslesen von verlorenen/gestohlenen Laptops, Smartphones, Sticks etc.

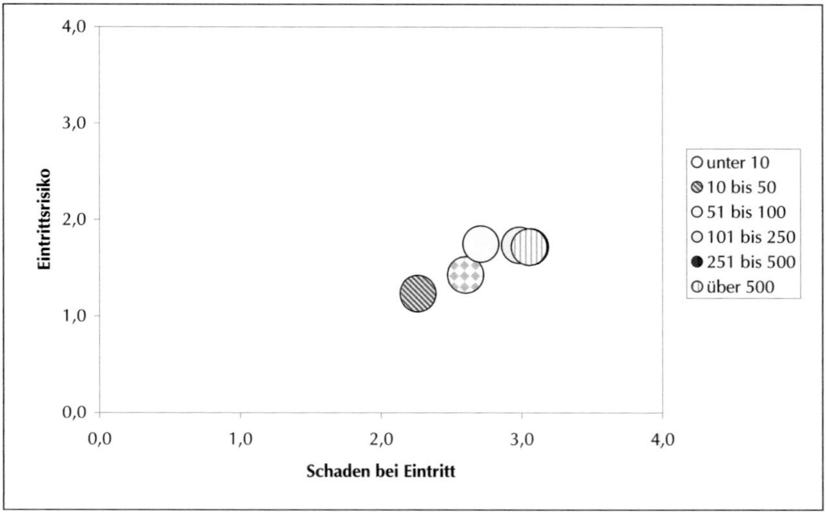

Aufzeichnen des Datenflusses aus ungesicherten WLAN -, UMTS-, GPRS- und Bluetooth-Verbindungen

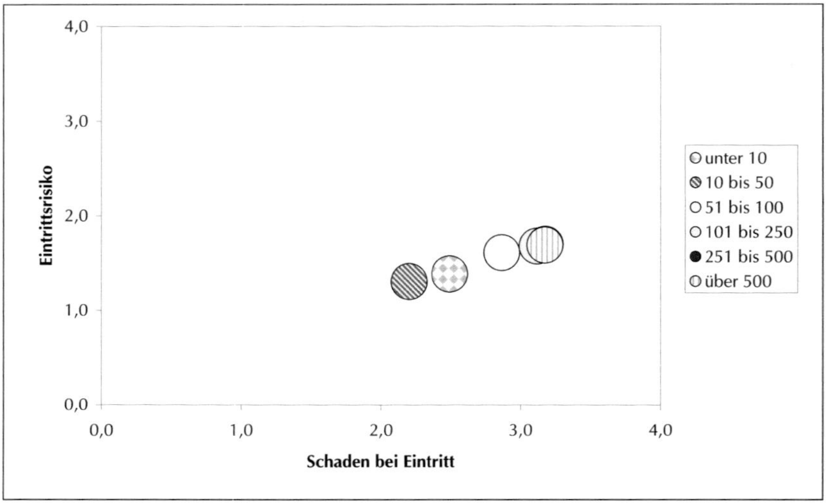

„Abhören"/Mitschneiden VoIP-Kommunikation

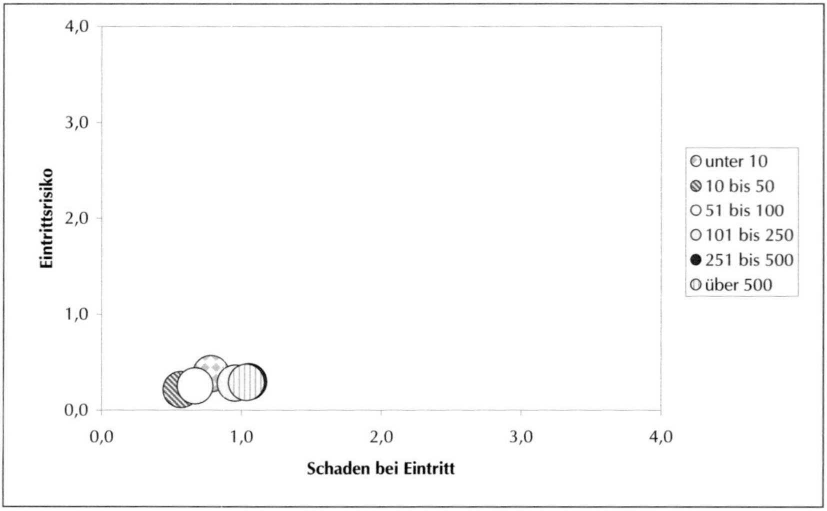

Mitlesen von Emails

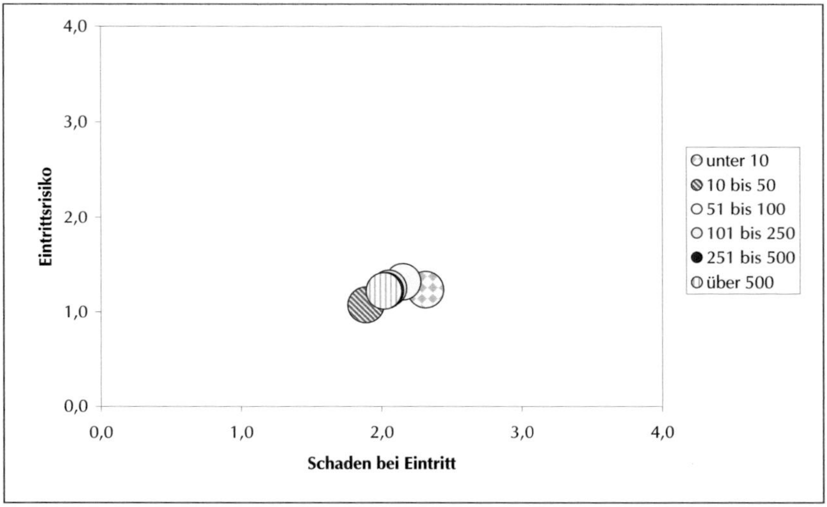

Mitlesen von FTP-Datensendungen

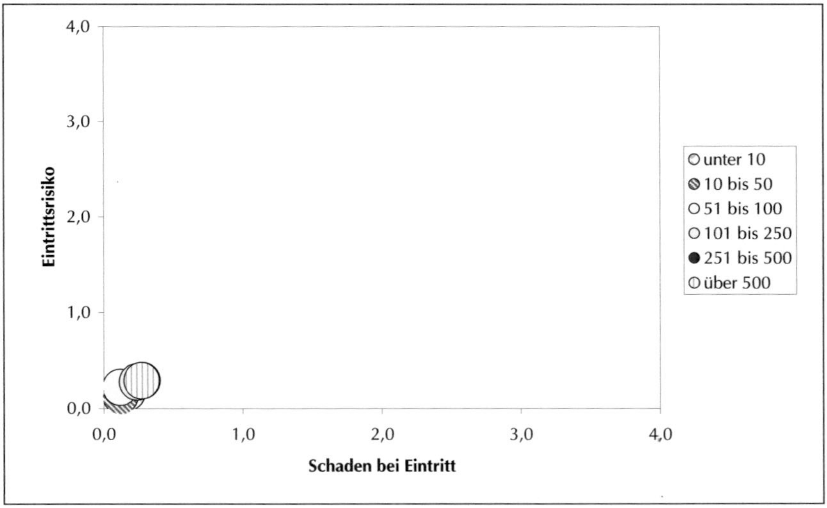

„Shoulder Surfing"

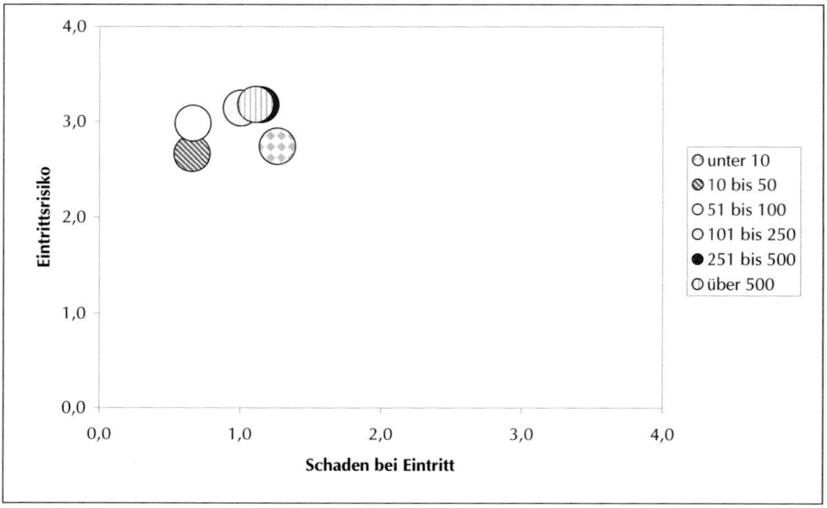

Phishing

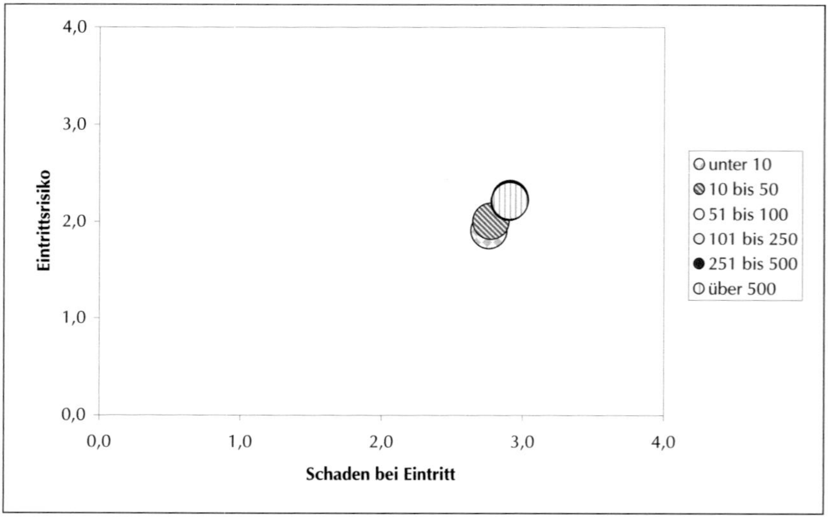

Auslesen von umgeleiteten Emails ohne Weiterleitung

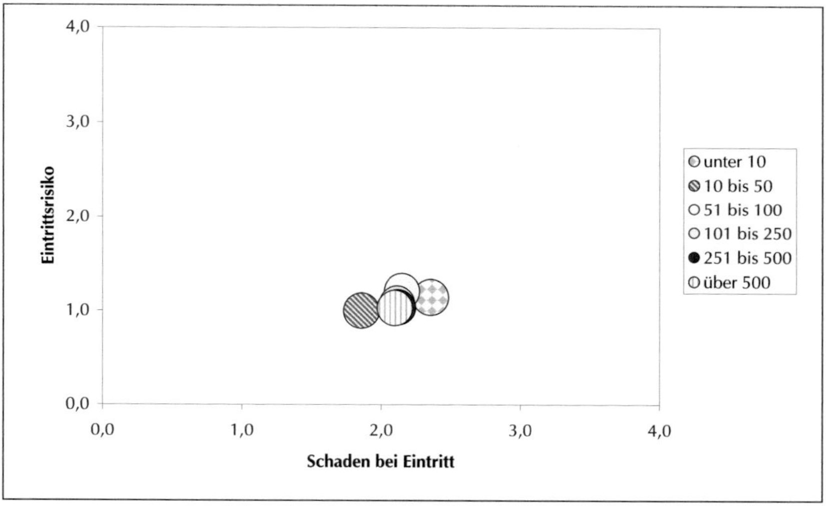

Auslesen von umgeleiteten FTP-Sendungen

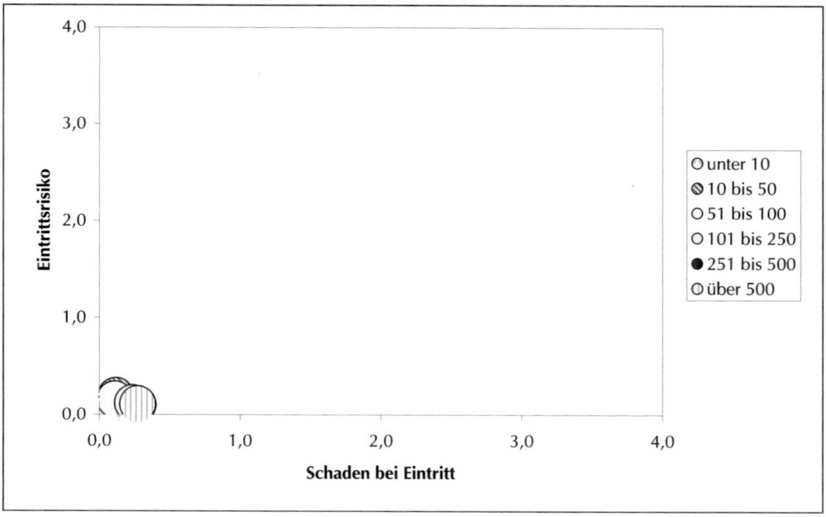

Mithören von Gesprächen im öffentlichen Raum (z. B. Flugzeug, Zug, Café, Outdoor-Präsentation)

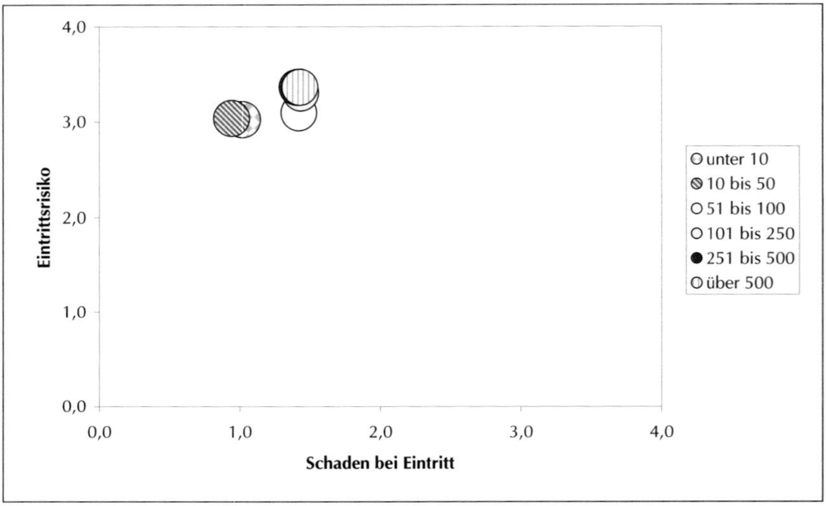

Mithören von Gesprächen im nichtöffentlichen Raum (Büro vs. privat)

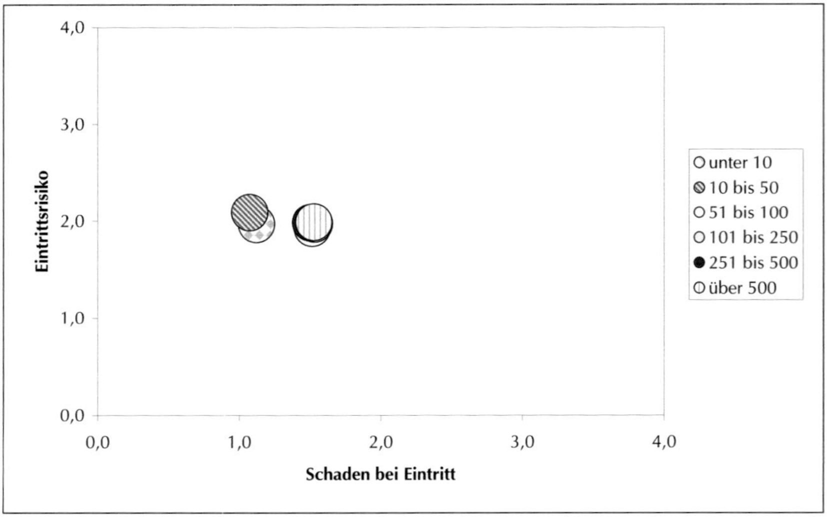

Mitlesen im öffentlichen Raum (z. B. Flugzeug, Zug, Café, Outdoor-Präsentation)

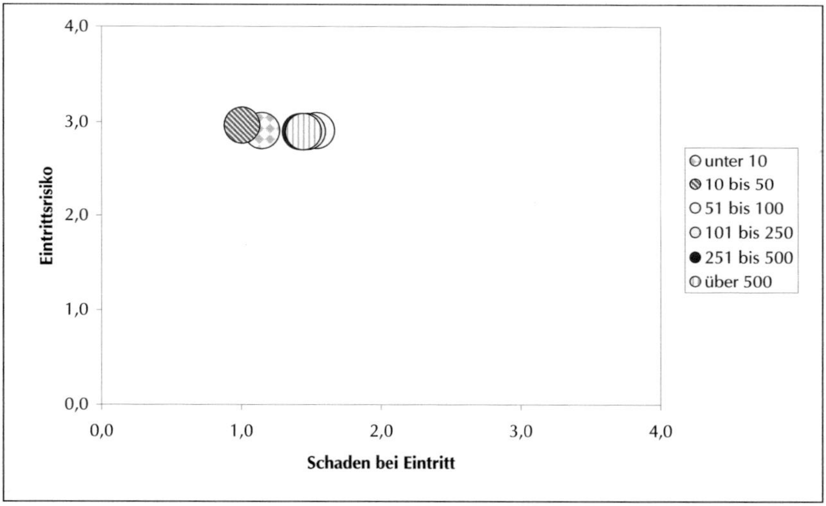

Mitlesen von geöffneten, aber dennoch weitergeleiteten oder fehlgeleiteten Postsendungen

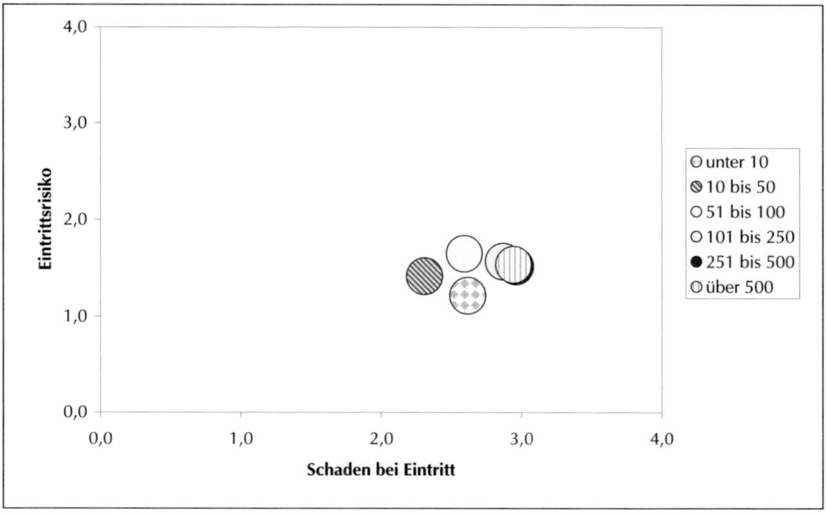

Mitlesen im nichtöffentlichen Raum (z. B. Büro vs. privat)

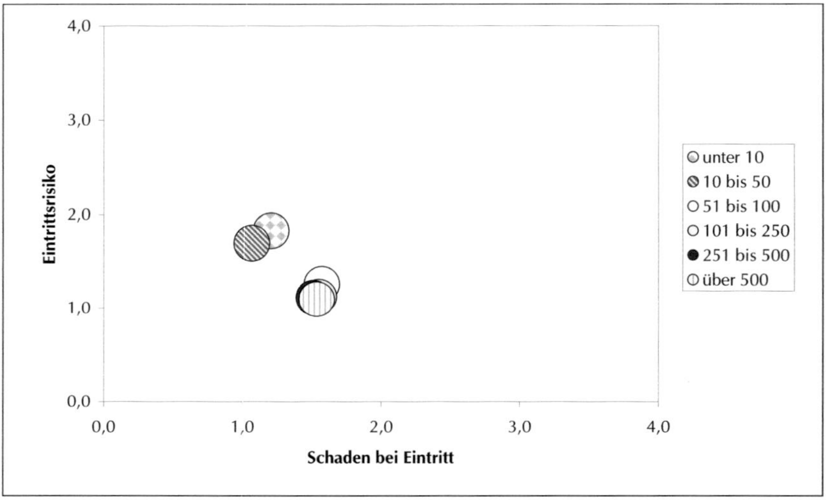

Auslesen von liegen gebliebenen nichtelektronischen Unterlagen im öffentlichen Raum (Windstoß, Flugzeug, Zug...)

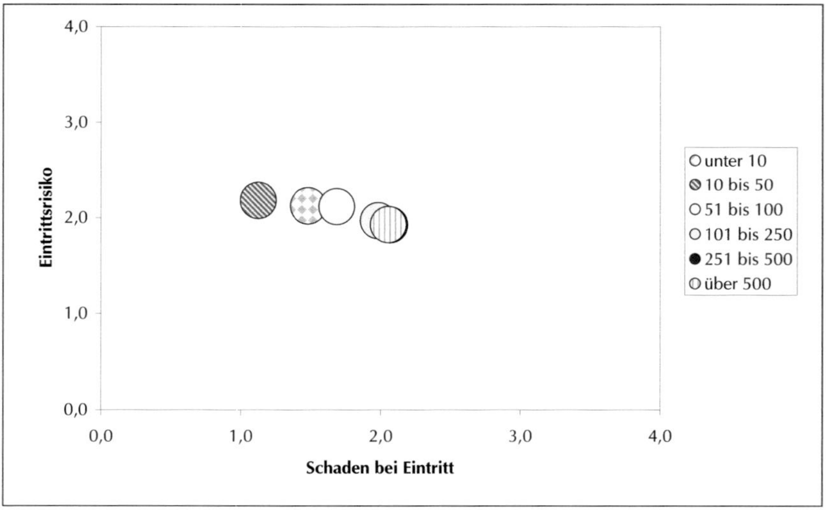

Auslesen von liegen gebliebenen nichtelektronischen Unterlagen im nichtöffentlichen Raum (Büro vs. privat)

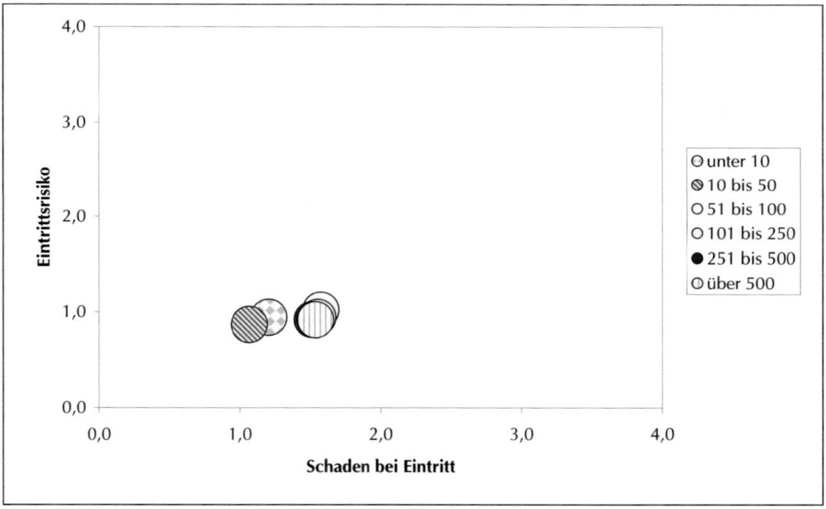

Abfangen von um- oder fehlgeleiteten Postsendungen (ohne Weiterleitung)

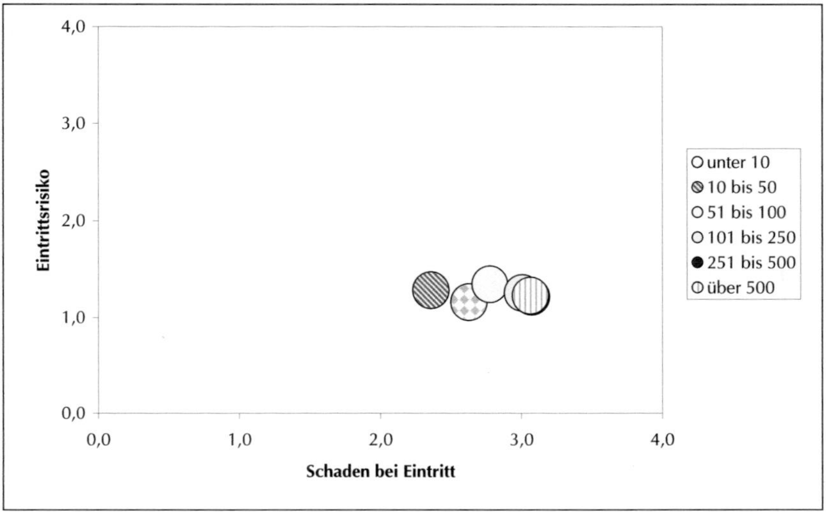

EINZELSCHRIFTEN

Richard Vahrenkamp
The German Autobahn 1920–1945 – Hafraba Visions and Mega Projects
Lohmar – Köln 2010 • 280 S. • € 58,- (D) • ISBN 978-3-89936-940-3

Thorsten Korn, Gregor van der Beek und Eva Fischer (Hrsg.)
Aktuelle Herausforderungen in der Wirtschaftsförderung – Chancen und Perspektiven in einer sich wandelnden Welt
Lohmar – Köln 2010 • 208 S. • € 49,- (D) • ISBN 978-3-89936-942-7

Frank Bezjak
Global Economic Trends and their Impact to Corporate Development
Lohmar – Köln 2010 • 116 S. • € 41,- (D) • ISBN 978-3-89936-943-4

Sebastian Herfurth
Die Regulierung von Ratingagenturen unter Basel II
Lohmar – Köln 2010 • 332 S. • € 63,- (D) • ISBN 978-3-89936-944-1

Sebastian Ernst
Die ökonomischen Auswirkungen von Private Equity Investoren
Lohmar – Köln 2010 • 196 S. • € 49,- (D) • ISBN 978-3-89936-953-3

Markus Theis
Reaktion von Fremdkapitalwerten bei Unternehmenszusammenschlüssen
Lohmar – Köln 2010 • 216 S. • € 55,- (D) • ISBN 978-3-89936-957-1

Jörn-Axel Meyer
Transparenzmanagement – Grundgedanken, Konzept und betriebliche Umsetzung
Lohmar – Köln 2010 • 100 S. • € 39,- (D) • Hardcover • ISBN 978-3-89936-958-8

Jörn-Axel Meyer
Vertraulichkeit in der mobilen Kommunikation – Leckagen und Schutz vertraulicher Informationen
Lohmar – Köln 2010 • 204 S. • € 49,- (D) • ISBN 978-3-89936-959-5